数控车工技能训练

SHUKONG CHEGONG JINENG XUNLIAN

王思波 敬天国◎主编

四川科学技术出版社

图书在版编目（CIP）数据

数控车工技能训练 / 王思波, 敬天国主编. --成都：四
川科学技术出版社, 2021.6

ISBN 978-7-5727-0143-6

Ⅰ. ①数… Ⅱ. ①王… ②敬… Ⅲ. ①数控机床-车
床-车削 Ⅳ. ①TG519.1

中国版本图书馆 CIP 数据核字（2021）第 101246 号

数控车工技能训练

SHUKONG CHEGONG JINENG XUNLIAN

主　　编	王思波　敬天国	
出 品 人	程佳月	
责任编辑	王双叶	
责任出版	欧晓春	
出版发行	四川科学技术出版社	
	成都市槐树街 2 号　邮政编码　610031	
	官方微博：http://e.weibo.com/sckjcbs	
	官方微信公众号：sckjcbs	
	传真：028-87734035	
成品尺寸	170mm×240mm	
印　　张	6.5　　字数　130 千	
印　　刷	成都勤德印务有限公司	
版　　次	2022 年 3 月第 1 版	
印　　次	2022 年 3 月第 1 次印刷	
定　　价	30.00 元	

ISBN 978-7-5727-0143-6

省示范中等职业学校骨干专业课程体系建设委员会

主　任　李文峰

副主任　张兴林

成　员　何杰卓　李思勇　洪文锦　李勇生

　　　　何晓波　苟明湘　何子益　蒲朝光

编　委　会

主　编　王思波　敬天国

参　编　苟明湘　母　凤　左友华　张　瑶

主　审　游洪建　钟如全　刘春德

合作企业：四川九洲电器集团有限责任公司

　　　　　四川中车复合材料结构有限公司

　　　　　佛山市顺德区莱利达工程设备有限公司

　　　　　广元欣源设备制造有限公司

前　言

　　进入 21 世纪后，我国制造业在世界制造业中所占比重越来越大，但随着我国成为"世界制造业中心"进程的加快，制造业的主力军——技能人才，尤其是高级技能人才的严重缺乏已成为制约我国制造业发展的瓶颈。

　　中等职业学校肩负着为现代化建设培养大量懂一定技术的中、初级技术工人的重任。但中等职业教育发展总体滞后，远不能适应社会的需求。中等职业教育发展滞后的原因是多方面的，但中等职业教育长期以来与市场脱节则是最为重要的原因之一。

　　学校机械加工技术专业由于条件的限制，长期以来办学还没有脱离过去的升学模式，单纯注重理论教学，理论与实践教学脱节。在有限的实践教学环节中，教学安排的随意性大，缺乏统一科学的安排。为了科学合理地安排实践教学活动，机械加工技术专业教研组统一组织编写出了《数控车工技能训练》实训校本教材，其目的是为了加大实践教学的力度，大力提高学生的动手能力，使学生能更好地适应社会的需求。

　　在编写本教材时尽量考虑学校现有条件，遵循循序渐进、由易到难的原则，选取了 22 个项目作为学校机械加工技术专业学生学习数控车削加工技术的练习项目。在编写过程中参考了部分书籍和网络资料。

　　由于编者水平有限，书中难免会有不少疏漏和不妥之处，敬请读者批评指正，以便在今后的实际使用过程中不断改进和完善。

编　者
2020 年 4 月

目　录

第一部分　基础知识及基本操作训练

实训项目一　数控车床操作安全教育

实训目的

（1）了解文明生产和安全操作技术知识。

（2）了解学校的数控车床和加工情况。

器材准备

数控车床

教学过程

一、文明生产

文明生产是企业管理中的一项十分重要的内容，它直接影响产品质量，关系到设备和工卡量具的使用效果和寿命，还关系到操作工人的技能发挥。技工学校的学生是工厂人力资源的后备力量，从开始学习本课程时，就要重视培养学生文明生产的良好习惯。因此，要求操作者在整个过程中必须做到以下几点：

（1）进入实习车间后，应服从安排，听从指挥，不得擅自启动或操作车床数控系统。

（2）开启车床前，应仔细检查车床各部位是否完好，各传动手柄、变速手柄的位置是否正确；还应按要求认真检查数控系统及各电器部件的插头、插座是否连接正确。

（3）开启车床后，应检查车床散热风机是否工作正常，以保证良好的散热效果。

（4）操作数控系统时，对各按键及开关的操作不得用力过猛，更不允

许用扳手或其他工具进行操作。

（5）车床运转过程中，操作者不得远离车床。

（6）实习结束时，必须按规定关机，清理、清扫车床及搞好环境卫生。

（7）对车床主体，应按照普通车床的有关要求进行维护保养。

二、安全操作技术

操作时，操作者必须自觉遵守纪律，严格遵守安全技术要求及各项安全操作规章制度。

（1）按规定穿戴好劳动保护用品。

（2）不许穿高跟鞋、拖鞋上岗，不许戴手套和围巾操作。

（3）完成对刀后，要做模拟操作，以防止正式加工时发生碰撞或扎刀。

（4）在数控车削过程中，关好防护门，选择合理的站立位置，确保安全。

三、数控车工生产实习教学的特点

生产实习教学主要是培养学生牢固掌握技术操作的技能和技巧，数控车工生产实习课与普通车床生产实习课比较，具有以下特点：

（1）数控车工生产实习教学以普通车工生产实习课的教学为基础，但掌握其技能和技巧主要体现在用脑过程中，特别是编制加工程序过程中的工艺处理环节尤为突出。

（2）数控车削加工是自动控制加工中的一种，它融合机械、电子、光学等多项知识为一体，涉及多门知识的综合应用。因此，要求学生全面、牢固地掌握各门先修课及本专业理论课知识，并灵活运用到生产实习过程中去。

（3）学生应在教师指导下经过示范、观察、模仿、反复练习，以获得基本操作技能，还应结合数控特点发挥其创造力，不断提高技艺。

（4）数控车工生产实习课的内容多、难度大，在完成各课题学习的同时，还应培养和提高自身的分析和解决问题的能力，以便今后能独立地将所学的技能、技巧运用到实际生产中去。

（5）生产实习课教学是结合生产实习进行的，所以在整个生产实习教学过程中，要树立热爱本工种、重视产品质量以及经济的观念，预防发生批量质量事故，并树立安全操作和文明生产的思想。

四、小结

（1）文明生产主要过程。

（2）安全操作技术相关规定。

实训项目二　数控车床的操作面板简介

实训目的

（1）熟悉软件操作面板。

（2）熟悉车床控制面板。

器材准备

数控车床

教学过程

一、华中世纪星车削数控装置的操作面板

华中世纪星车削数控装置的操作面板如图 1-1 所示。

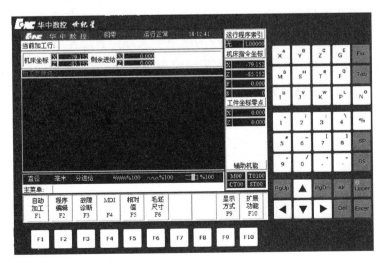

图 1-1　华中世纪星车削数控装置的操作面板

二、软件操作面板

华中世纪星 HNC‑21T 的软件操作界面如图 1‑2 所示。其界面由如下几个部分组成：

（1）图形显示窗口。可以根据需要，用功能键 F9 设置窗口的显示内容。

（2）菜单命令条。通过菜单命令条中的功能键 F1～F10 来完成系统功能的操作。

（3）运行程序索引。自动加工中的程序名和当前程序段行号。

（4）选定坐标系下的坐标值。坐标系可在车床坐标系／工件坐标系／相对坐标系之间切换；显示值可在指令位置／实际位置／剩余进给／跟踪误差／负载电流／补偿值之间切换。

（5）工件坐标系零点。工件坐标系零点是在车床坐标系下的坐标。

（6）辅助功能。自动加工中的 M、S、T 代码。

（7）当前加工程序行。当前正在或将要加工的程序段。

（8）当前加工方式、系统运行状态及当前时间。系统工作方式根据车床控制面板上相应按键的状态可在自动运行、单段运行、手动、增量、回零、急停、复位等之间切换；系统工作状态在"运行正常"和"出错"之间切换；系统时钟显示当前系统时间。

（9）车床坐标、剩余进给。车床坐标显示刀具当前位置在车床坐标系下的坐标；剩余进给指当前程序段的终点与实际位置之差。

（10）直径／半径编程、公制／英制编程、每分进给／每转进给、快速修调、进给修调、主轴修调。

4

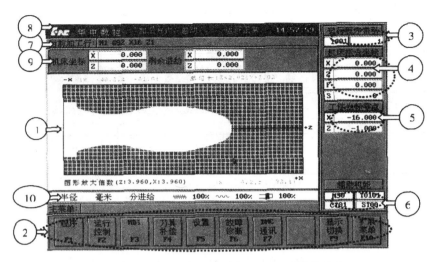

图 1-2 华中世纪星 HNC-21T 的软件操作界面

操作界面中最重要的一块是菜单命令条。系统功能的操作主要通过菜单命令条中的功能键 F1～F10 来完成。由于每个功能包括不同的操作，菜单采用层次结构，即在主菜单下选择一个菜单项后，数控装置会显示该功能下的子菜单，用户可根据该子菜单的内容选择所需的操作，如图 1-3 所示。当要返回主菜单时，按子菜单下的 F10 键即可。

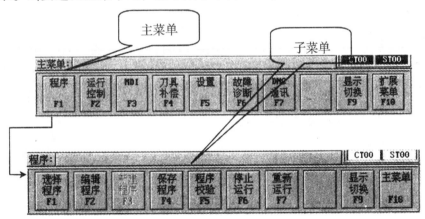

图 1-3 菜单层次

三、车床控制面板

车床手动操作主要由车床控制面板完成，车床控制面板如图 1-4 所示。

5

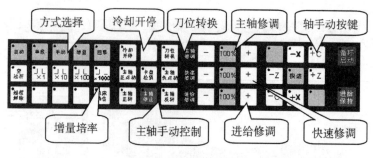

图 1-4　车床控制面板

（1）按下"手动"按键（指示灯亮），系统处于手动运行方式，可点动移动车床坐标轴。

（2）手动进给时，若同时按下"快进"按键，则产生相应轴的正向或负向快速运动。

（3）方向键。以移动 X 轴为例，当按下" + X "或" - X "按键，X 轴将产生正向或负向连续移动；松开" + X "或" - X "按键，X 轴即减速停止。用同样的操作方法，可使 Z 轴产生正向或负向连续移动。在手动（快速）运行方式下，同时按下 X、Z 方向的轴手动按键，能同时手动控制 X、Z 坐标轴连续移动。

（4）按下"进给修调"按键可以调整手动进给速度、快速进给速度、主轴旋转速度。按一下" + "或" - "按键，修调倍率是递增或递减2%；按下"100%"按键（指示灯亮），修调倍率被置为"100%"。机械齿轮换挡时，主轴速度不能修调。

（5）增量进给。当按下控制面板上的"增量"按键（指示灯亮），系统处于增量进给方式，可增量移动车床坐标轴。以增量进给 X 轴为例：按一下" + X "或" - X "按键（指示灯亮），X 轴将向正向或负向移动一个增量值；再按一下按键，X 轴将继续移动一个增量值。用同样的操作方法，可使 Z 轴向正向或负向移动一个增量值。同时按下 X、Z 方向的轴手动按键，能同时增量进给 X、Z 坐标轴。

（6）增量值选择。增量进给的增量值由车床控制面

6

板的"×1""×10""×100""×1000"四个增量倍率按键控制。增量倍率按键和增量值的对应关系见表1-1。这几个按键互锁，即按一下其中一个（指示灯亮），其余几个会失效（指示灯灭）。

表1-1 增量倍率按键和增量值的对应关系

单位：mm

增量倍率按键	×1	×10	×100	×1000
增量值	0.001	0.01	0.1	1

（7）主轴正转、主轴停止、主轴反转。在手动方式下，按一下"主轴正转"或"主轴反转"按键（指示灯亮），主轴电动机以车床参数设定的转速正转或反转，直到按下"主轴停止"按键。

（8）在手动方式下可用主轴正点动、主轴负点动按键点动转动主轴。按下主轴正点动或主轴负点动按键（指示灯亮），主轴将产生正向或负向连续转动；松开主轴正点动或主轴负点动按键（指示灯灭）。在手动方式下按下"卡盘松紧"按键，松开工件（默认为夹紧）可以进行更换工件操作，再按一下为夹紧工件，可以进行工件加工操作。

（9）空运行。在"自动方式"下，按下"空运行"按键，车床处于空运行状态，程序中编制的进给速率被忽略，坐标轴按照最大快移速度移动。

（10）机床锁住。在手动运行方式下或在自动加工前，按下"机床锁住"按键（指示灯亮），此时再进行手动操作或按"循环启动"键让系统执行程序，显示屏上的坐标轴位置信息变化，但不输出伺服轴的移动指令。"机床锁住"按键在自动加工过程中按下无效，每次执行此功能后要再次进行返回参考点操作。

（11）刀位转换。在手动方式下，按一下"刀位选择"按键，系统会预先计数转塔刀架将转动一个刀位，依次类推，按几次"刀位选择"键，系统就会预先计数转塔刀架将转动几个刀位，接着按"刀位转换"键，转塔刀架才真正转动至指定的刀位。

（12）⬚冷却开停。在手动方式下，按一下"冷却开停"按键，冷却液开（默认值为冷却液关），再按一下为冷却液关，如此循环。

（13）⬚当工件已装夹好，对刀已完成，程序调试没有错误后按此键，系统进入自动运行状态。

（14）⬚循环启动。自动加工模式中按下"循环启动"键后程序开始执行。

（15）⬚进给保持。自动加工模式中按下"进给保持"键后车床各轴的进给运动停止，S、M、T 功能保持不变。若要继续加工，再次按下"循环启动"键即可。

（16）⬚自动加工模式中单步运行，即每执行一个程序段后程序暂停执行下一个程序段，当再按一次"循环启动"键后程序再执行一个程序段。该功能常用于初次调试程序，它可减少因编程错误而造成的事故。

（17）⬚超程解除。

（18）⬚返回车床参考点。

了解上述内容后，让学生分组熟悉面板。

四、小结

（1）软件操作面板。

（2）车床控制面板。

实训项目三　数控车床基本操作

实训目的

（1）熟悉车床控制面板。

（2）掌握数控车床基本操作。

器材准备

数控车床

教学过程

一、手动操作

进入系统后应首先将车床各轴返回参考点。

操作步骤如下：

（1）按下"回参考点"按键 （指示灯亮）。

（2）按下"＋X"按键，X 轴立即回到参考点。

（3）按下"＋Z"按键，使 Z 轴返回参考点。

二、手动移动车床坐标轴

1. 点动进给

（1）按下"手动"按键（指示灯亮），系统处于点动运行方式。

（2）选择进给速度。

（3）按住"＋X"或"－X"按键（指示灯亮），X 轴产生正向或负向连续移动；松开"＋X"或"－X"按键（指示灯灭），X 轴减速停止。

（4）依同样方法，按下"＋Z""－Z"按键，使 Z 轴产生正向或负向连续移动。

2. 点动快速移动

在点动进给时，先按下"快进"按键，然后再按坐标轴按键，则该轴将产生快速运动。

3. 点动进给速度选择

进给速率为系统参数"最高快移速度"的 1/3 乘以进给修调选择的进给倍率。

快速移动的进给速率为系统参数"最高快移速度"乘以快速修调选择的快移倍率。

进给速度选择的方法为：

按下进给修调或快速修调右侧的"100％"按键（指示灯亮），进给修调或快速修调倍率被置为 100％。

每按下一次"＋"按键，修调倍率增加 10％；每按下一次"－"按键，修调倍率减小 10％。

4. 增量进给

（1）按下"增量"按键（指示灯亮），系统处于增量进给运行方式。

（2）按下增量倍率按键（指示灯亮）。

（3）按一下"+X"或"-X"按键，X 轴将向正向或负向移动一个增量值。

（4）按下"+Z"或"-Z"按键，Z 轴将向正向或负向移动一个增量值。

5. 增量值选择

增量值的大小由选择的增量倍率按键来决定。增量倍率按键有四个挡位："×1""×10""×100""×1000"。增量倍率按键和增量值的对应关系如表 1-2：

表 1-2　增量倍率按键和增量值的对应关系

单位：mm

增量倍率按键	×1	×10	×100	×1000
增量值	0.001	0.01	0.1	1

即当系统在增量进给运行方式下，增量倍率按键选择的是"×1"按键时，每按一下坐标轴，该轴移动 0.001 mm。

三、手动控制主轴

1. 主轴正反转及停止

（1）确保系统处于手动方式下。

（2）设定主轴转速。

（3）按下"主轴正转"按键（指示灯亮），主轴以车床参数设定的转速正转。

（4）按下"主轴反转"按键（指示灯亮），主轴以车床参数设定的转速反转。

（5）按下"主轴停止"按键（指示灯亮），主轴停止运转。

2. 主轴速度修调

主轴正转及反转的速度可通过主轴修调调节：

按下主轴修调右侧的"100%"按键（指示灯亮），主轴修调倍率被置为 100% 。

每按下一次"＋"按键，修调倍率递增 10% ；每按下一次"－"按键，修调倍率减小 10% 。

3. 刀位选择和刀位转换

（1）确保系统处于手动方式下。

（2）按下"刀位选择"按键，选择所使用的刀，这时显示窗口右下方的"辅助机能"里会显示当前所选中的刀号。例如图 1-5 显示选择的刀号为 ST01。

图 1-5　辅助机能

（3）按下"刀位转换"按键，转塔刀架转到所选到的刀位。

4. 机床锁住

在手动运行方式下，按下"机床锁住"键，再进行手动操作，系统执行命令，显示屏上的坐标轴位置信息变化，但机床不动。

四、MDI 运行

1. 进入 MDI 运行方式

（1）在系统控制面板上，按下菜单键（见图 1-6）中左数第 4 个按键——"MDI F4"按键，进入 MDI 功能子菜单。

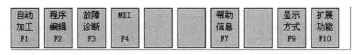

图 1-6　系统控制面板

（2）在 MDI 功能子菜单（见图 1-7）下，按下左数第 6 个按键——"MDI 运行 F6"按键，进入 MDI 运行方式。

图 1-7　MDI 功能子菜单

这时就可以在 MDI 一栏后的命令行内输入 G 代码指令段。

2. 输入 MDI 指令段

有两种输入方式：

一次输入多个指令字；

多次输入，每次输入一个指令字。

例如，要输入"G00 X100 Z1000"，可以：

直接在命令行输入"G00 X100 Z1000"，然后按 Enter 键，这时显示窗口内 X、Z 值分别变为 100、1000。

在命令行先输入"G00"，按 Enter 键，显示窗口内显示"G00"；再输入"X100"后按 Enter 键，显示窗口内 X 值变为 100；最后输入"Z1000"，然后按 Enter 键，显示窗口内 Z 值变为 1000。

在输入指令时，可以在命令行看见当前输入的内容，在按 Enter 键之前发现输入错误，可用 BS 按键将其删除；在按了 Enter 键后发现输入错误或需要修改，只需重新输入一次指令，新输入的指令就会自动覆盖旧的指令。

3. 运行 MDI 指令段

输入完成一个 MDI 指令段后，按下操作面板上的"循环启动"按键，系统就开始运行所输入的指令。

五、程序编辑和管理

1. 进入程序编辑菜单

在系统控制面板（见图 1−8）下，按下"程序编辑 F2"按键，进入编辑功能子菜单。

图 1−8　系统控制面板

在编辑功能子菜单（见图 1−9）下，可对零件程序进行编辑等操作。

图 1−9　编辑功能子菜单

2. 选择编辑程序

按下"选择编辑程序 F2"按键，会弹出一个含有三个选项的菜单（见图1-10）：磁盘程序、正在加工的程序、新建程序。

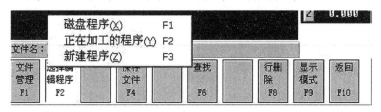

图1-10 编辑功能菜单

当选择了"磁盘程序"时，会出现 Windows 打开文件窗口，用户在电脑中选择事先做好的程序文件，选中并按下窗口中的"打开"键将其打开，这时显示窗口会显示该程序的内容。

当选择了"正在加工的程序"，如果当前没有选择加工程序，系统会弹出提示框，说明当前没有正在加工的程序。否则显示窗口会显示正在加工的程序的内容。如果该程序正处于加工状态，系统会弹出提示，提醒用户先停止加工再进行编辑。

当选择了"新建程序"，这时显示窗口的最上方出现闪烁的光标，这时就可以开始建立新程序了。

3. 编辑当前程序

在进入编辑状态、程序被打开后，可以将控制面板上的按键结合电脑键盘上的数字和功能键来进行编辑操作。

删除：将光标落在需要删除的字符上，按电脑键盘上的 Delete 键删除错误的内容。

插入：将光标落在需要插入的位置，输入数据。

查找：按下菜单键中的"查找 F6"按键，弹出对话框，在"查找"栏内输入要查找的字符串，然后按"查找下一个"。当找到字符串后，光标会定位在找到的字符串处。

删除一行：按"行删除 F8"键，将删除光标所在的程序行。

将光标移到下一行：按下控制面板上的上、下箭头键▲▼。每按一下箭

头键，窗口中的光标就会向上或向下移动一行。

4. 保存程序

按下"选择编辑程序 F2"按键。

在弹出的菜单中选择"新建程序"。

弹出提示框，询问是否保存当前程序，按"是"确认并关闭对话框。

六、自动运行操作

1. 进入程序运行菜单

在系统控制面板下，按下"自动加工 F1"按键，进入程序运行子菜单（见图 1 – 11）。

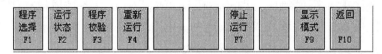

图 1 – 11　程序运行子菜单

在程序运行子菜单下，可以自动运行零件程序。

2. 选择运行程

按下"程序选择 F1"按键，会弹出一个含有两个选项的菜单（见图 1 – 12）：磁盘程序、正在编辑的程序。

图 1 – 12　程序运行子菜单

当选择了"磁盘程序"时，会出现 Windows 打开文件窗口，用户在电脑中选择事先做好的程序文件，选中并按下窗口中的"打开"键将其打开，这时显示窗口会显示该程序的内容。

当选择了"正在编辑的程序"时，如果当前没有选择编辑程序，系统会弹出提示框，说明当前没有正在编辑的程序。否则显示窗口会显示正在编辑的程序的内容。

3. 程序校验

（1）打开要加工的程序。

（2）按下车床控制面板上的"自动"键，进入程序运行方式。

（3）在程序运行子菜单下，按"程序校验 F3"按键，程序校验开始。

（4）如果程序正确，校验完成后，光标将返回到程序头，并且显示窗口下方的提示栏显示提示信息，说明没有发现错误。

4. 启动自动运行

（1）选择并打开零件加工程序。

（2）按下车床控制面板上的"自动"按键（指示灯亮），进入程序运行方式。

（3）按下车床控制面板上的"循环启动"按键（指示灯亮），车床开始自动运行当前的加工程序。

（4）单段运行：

按下车床控制面板上的"单段"按键（指示灯亮），进入单段自动运行方式。

按下"循环启动"按键，运行一个程序段，车床就会减速停止，刀具、主轴均停止运行。

再按下"循环启动"按键，系统执行下一个程序段，执行完成后再次停止。

在了解、熟悉上述内容后，学生可分组操作练习。

七、小结

（1）坐标轴的控制。

（2）主轴的控制。

（3）MDI 运行方式。

（4）程序编辑管理与运行。

实训项目四　数控车床对刀操作

实训目的

（1）掌握常用量具测量与读数方法。

（2）掌握数控车床手动试切法对刀的工作原理及基本步骤。

器材准备

数控车床　数控车刀　棒料　卡盘与刀架扳手　常用量具一套

教学过程

一、常用测量工具的测量与读数方法（演示说明）

学会 0.02 mm 精度的游标卡尺测量与读数方法。

二、华中世纪星教学型数控车床手动试切法对刀的基本原理

在数控车削中，手动试切对刀法由于不需添置昂贵的对刀、检测等辅助设备，方法简单，而且所选试切工件为铝棒、尼龙棒等软材质材料，即使高速断续切削，刀尖也不容易崩落，因此被广泛地应用于教学型数控车床。

数控车床的车床坐标系是固定的，CRT 显示的是切削刀刀位点的车床坐标，但为计算方便和简化编程，在编程时都需设定工件坐标系，它是以零件上的某一点为坐标原点建立起来的 $X-Z$ 直角坐标系统。因此，对刀的实质是确定随编程变化的工件坐标系工件零点的车床坐标以及确定数控程序调用的刀具相对于基准刀的刀偏置数值。手动试切对刀的对刀模式为"试切→测量→调整"，其原理示意图如图 1-13 所示。

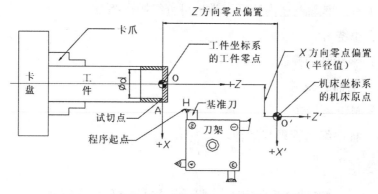

图 1-13　试切法加工示意图

三、手动试切——绝对刀偏法对刀的基本步骤

对刀步骤：（工件坐标系 O 点设在工件右端面中心，以 1 号刀为例）

（1）选择 1 号刀试切断面，当刀具试切出理想断面后，保证刀具在 Z

方向上不移动，然后依次按键，主菜单—刀具补偿—刀偏表—在 1 号刀的试切长度条目下输入 0，按 Enter。

（2）选择 1 号刀试切外圆，当刀具试切出理想外圆面后，保证刀具在 X 方向不动，用量具准确测量出此时外圆直径尺寸，然后依次按键，主菜单—刀具补偿—刀偏表—在 1 号刀的试切直径条目下输入测量出来的准确数值，按 Enter。

（3）若还有其余几把刀需要对刀，可用以上相同的方法对刀。

注意：在刀偏表中只需要输入试切直径和试切长度，各刀的 X、Z 偏置随后自动产生。

四、操作练习

在熟悉上述内容后，学生可分组操作练习。

五、小结

（1）游标卡尺测量与读数方法。

（2）试切对刀的方法和步骤。

第二部分　技能入门训练

实训项目五　阶梯轴加工

实训目的

（1）熟练运用 G00 和 G01 指令编程加工外圆和倒角。

（2）掌握工件装夹、刀具装夹。

（3）能够正确使用量具检测阶梯轴相关尺寸。

器材准备

数控车床　45 钢毛坯料　卡盘与刀架扳手　外圆车刀　切断刀垫片若干　钢直尺　游标卡尺　外径千分尺

教学过程

一、零件图

零件图相关参数见图 2－1。

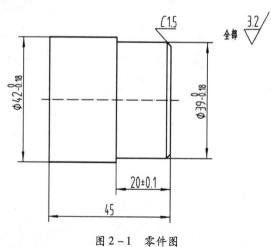

图 2－1　零件图

技术要求：

（1）锐角倒钝。

（2）未注公差尺寸的极限偏差按 GB/T 1804—2000 - m 级。

（3）零件加工表面上，不应有划痕、擦伤等损伤零件表面的缺陷。

二、刀具卡

刀具卡相关数据见表 2 - 1。

表 2 - 1　刀具卡

序号	刀具号	刀具名称	数量	加工表面	刀尖半径	刀尖方位
1	T01	45°合金端面刀	1	车端面	0.8 mm	3
2	T02	35°合金偏刀	1	粗、精车外轮廓	0.4 mm	3
3	T03	合金切断刀	1	切断	刀宽 3 mm	—

三、加工工艺

1. 加工方案

如图 2 - 1 所示，根据零件的工艺特点和毛坯尺寸 $\phi45 \times 90$ mm，确定加工方案：

（1）采用三爪自定心卡盘装卡，零件伸出卡盘 50 mm。

（2）加工零件前先对刀，设置编程原点在右端面的轴线上。

（3）加工零件外轮廓至尺寸要求后切断。

2. 工序卡

工序卡相关数据见表 2 - 2。

表 2 - 2　工序卡

工步号	工步内容	刀具号	刀具规格 /mm	主轴转速 $n/(\mathrm{r \cdot min^{-1}})$	进给量 $f/(\mathrm{mm \cdot min^{-1}})$	背吃刀量 ap/mm	备注
1	平端面	T01	20 × 20	1000	100	1	手动
2	粗车外轮廓	T02	20 × 20	800	150	1	自动
3	精车外轮廓	T02	20 × 20	1200	100	0.5	自动
4	切断	T03	20 × 20	600	30	—	手动

四、加工程序

程序号：O0001

段号	程序内容	备 注
	%1	
N10	M03 S600	
N20	T0202	
N30	G0 X47 Z2	
N40	G71 U1 R1 P1 Q2 X0.5 Z0.1 F150	
N50	G0 X111	
N60	Z111	
N70	M05	
N80	M00	
N90	M03 S1222	
N100	T0202	
N110	G0 X42 Z2	
N120	N1 G1 X36 F100	
N130	Z0	
N140	X38.91 Z−1.5	
N150	Z−20	
N160	X41.91	
N170	N2 Z−45	
N180	G0 X111	
N190	Z111	
N200	M30	

五、评分表

评分表见表2-3。

表2-3　评分表

序号	项目	考核内容及要求	评分标准	配分	检测结果	得分	评分人
1	外圆尺寸	$\phi39_{-0.18}^{0}$	每超差0.01 mm扣减2分	10			
		$\phi42_{-0.18}^{0}$	每超差0.01 mm扣减2分	10			
		20 ± 0.1	每超差0.01 mm扣减2分	10			
2	长度尺寸	45	每超差0.01 mm扣减2分	10			
3	倒角尺寸	$C1.5$	不符合要求时,酌情扣1~5分	5			
4	其余尺寸	表面粗糙度3.2 μm	不符合要求时,酌情扣1~10分	10			
5	安全文明生产	1. 遵守车床安全操作规程 2. 刀具、工具、量具放置规范 3. 设备保养、场地整洁	不符合要求时,酌情扣1~20分	20			
6	工艺合理	1. 工件定位、夹紧及刀具选择合理 2. 加工顺序及刀具轨迹路线合理	不符合要求时,酌情扣1~10分	10			
7	程序编制	1. 指令正确,程序完整 2. 数值计算正确、程序编写表现出一定的技巧,简化计算和加工程序 3. 刀具补偿功能运用正确、合理 4. 切削参数、坐标系选择正确、合理	不符合要求时,酌情扣1~15分	15			

续表

序号	项目	考核内容及要求	评分标准	配分	检测结果	得分	评分人
8	项目完成情况自评						

企业专家、指导教师		学生姓名			总分	

注意事项

（1）按照零件加工及工艺要求提前准备必要的工、量、刀具。

（2）注意加工外圆和切断时，要防止车刀与卡盘相碰。

（3）加工过程中一定要提高警惕，将手放在"进给保持"或"急停"按钮上，如遇紧急情况，迅速按下按钮，防止意外事故的发生。

实训项目六　外圆锥面加工

实训目的

（1）熟练运用 G00 和 G01 指令编程加工外圆锥面。

（2）掌握工件装夹、刀具装夹。

（3）能够正确使用量具检测圆锥轴相关尺寸。

器材准备

数控车床　45 钢毛坯料　卡盘与刀架扳手　外圆车刀　切断刀垫片若干　钢直尺　游标卡尺　外径千分尺

教学过程

一、零件图

零件图相关参数见图 2 – 2。

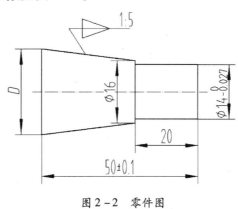

图 2 – 2　零件图

技术要求：

（1）锐角倒钝。

（2）未注公差尺寸的极限偏差按 GB/T 1804—2000 – m 级。

（3）零件加工表面上，不应有划痕、擦伤等损伤零件表面的缺陷。

二、刀具卡

刀具卡相关数据见表 2 – 4。

表 2 – 4　刀具卡

序号	刀具号	刀具名称	数量	加工表面	刀尖半径	刀尖方位
1	T01	45°合金端面刀	1	车端面	0.8 mm	3
2	T02	35°合金偏刀	1	粗、精车外轮廓	0.4 mm	3
3	T03	合金切断刀	1	切断	刀宽 3 mm	—

三、加工工艺

1. 加工方案

如图 2 – 2 所示，根据零件的工艺特点和毛坯尺寸 $\phi25 \times 90$ mm，确定加工方案：

（1）采用三爪自定心卡盘装卡，零件伸出卡盘 60 mm。

（2）加工零件前先对刀，设置编程原点在右端面的轴线上。

（3）加工零件外轮廓至尺寸要求后切断。

2. 工序卡

工序卡相关数据见表2-5。

表2-5　工序卡

工步号	工步内容	刀具号	刀具规格/mm	主轴转速 $n/(r \cdot min^{-1})$	进给量 $f/(mm \cdot min^{-1})$	背吃刀量 ap/mm	备注
1	平端面	T01	20×20	1000	100	1	手动
2	粗车外轮廓	T02	20×20	800	150	1	自动
3	精车外轮廓	T02	20×20	1200	100	0.5	自动
4	切断	T03	20×20	600	30	—	手动

四、加工程序

程序号：O0001

段号	程序内容	备注
	%1	
N10	M03 S600	
N20	T0202	
N30	G0 X27 Z2	
N40	G71 U1 R1 P1 Q2 X0.5 Z0.1 F150	
N50	G0 X111	
N60	Z111	
N70	M05	
N80	M00	
N90	M03 S1222	
N100	T0202	
N110	G0 X16 Z2	
N120	N1 G1 X13.98 F100	
N130	Z0 -20	
N140	X16	
N150	N2 X22 Z -50	
N160	G0 X111	
N170	Z111	
N180	M30	

五、评分表

评分表见表 2 - 6。

表 2 - 6　评分表

序号	项目	考核内容及要求	评分标准	配分	检测结果	得分	评分人
1	外圆尺寸	$\phi16$	每超差 0.01 mm 扣减 2 分	10			
		$\phi14_{-0.027}^{\ 0}$	每超差 0.01 mm 扣减 2 分	10			
		D	每超差 0.01 mm 扣减 2 分	15			
2	长度尺寸	20	每超差 0.01 mm 扣减 2 分	10			
		50 ± 0.1	每超差 0.01 mm 扣减 2 分	10			
3	安全文明生产	1. 遵守车床安全操作规程 2. 刀具、工具、量具放置规范 3. 设备保养、场地整洁	不符合要求时，酌情扣 1 ~ 20 分	20			
4	工艺合理	1. 工件定位、夹紧及刀具选择合理 2. 加工顺序及刀具轨迹路线合理	不符合要求时，酌情扣 1 ~ 10 分	10			
5	程序编制	1. 指令正确，程序完整 2. 数值计算正确、程序编写表现出一定的技巧，简化计算和加工程序 3. 刀具补偿功能运用正确、合理 4. 切削参数、坐标系选择正确、合理	不符合要求时，酌情扣 1 ~ 15 分	15			
6	项目完成情况自评						
企业专家、指导教师			学生姓名		总分		

数控车工技能训练
SHUKONG CHEGONG JINENG XUNLIAN

注意事项

（1）按照零件加工及工艺要求提前准备必要的工、量、刀具。

（2）注意加工外圆和切断时，要防止车刀与卡盘相碰。

（3）加工过程中一定要提高警惕，将手放在"进给保持"或"急停"按钮上，如遇紧急情况，迅速按下按钮，防止意外事故的发生。

实训项目七　圆弧面加工

实训目的

（1）熟练掌握圆弧插补指令 G02/G03。

（2）运用 G02 和 G03 指令编程加工圆弧。

器材准备

数控车床　45 钢毛坯料　卡盘与刀架扳手　外圆车刀　切断刀垫片若干　钢直尺　游标卡尺　外径千分尺

教学过程

一、零件图

零件图相关参数见图 2-3。

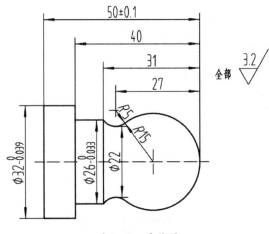

图 2-3　零件图

26

技术要求：

1. 锐角倒钝。

2. 未注公差尺寸的极限偏差按 GB/T 1804—2000 – m 级。

3. 零件加工表面上，不应有划痕、擦伤等损伤零件表面的缺陷。

二、刀具卡

刀具卡相关数据见表 2 – 7。

表 2 – 7　刀具卡

序号	刀具号	刀具名称	数量	加工表面	刀尖半径	刀尖方位
1	T01	45°合金端面刀	1	车端面	0.8 mm	3
2	T02	35°合金偏刀	1	粗、精车外轮廓	0.4 mm	3
3	T03	合金切断刀	1	切断	刀宽 3 mm	—

三、加工工艺

1. 加工方案

如图 2 – 3 所示，根据零件的工艺特点和毛坯尺寸 $\phi35 \times 90$ mm，确定加工方案：

（1）采用三爪自定心卡盘装卡，零件伸出卡盘 50 mm。

（2）加工零件前先对刀，设置编程原点在右端面的轴线上。

（3）加工零件外轮廓至尺寸要求后切断。

2. 工序卡

工序卡相关数据见表 2 – 8。

表 2 – 8　工序卡

工步号	工步内容	刀具号	刀具规格 /mm	主轴转速 $n/(\text{r} \cdot \text{min}^{-1})$	进给量 $f/(\text{mm} \cdot \text{min}^{-1})$	背吃刀量 ap/mm	备注
1	平端面	T01	20×20	1000	100	1	手动
2	粗车外轮廓	T02	20×20	800	150	1	自动
3	精车外轮廓	T02	20×20	1200	100	0.5	自动
4	切断	T03	20×20	600	30	—	手动

四、加工程序

程序号：O0001

段号	程序内容	备注
	%1	
N10	M03 S600	
N20	T0202	
N30	G0 X37 Z2	
N40	G71 U1 R1 P1 Q2 X0.5 Z0.1 F150	
N50	G0 X111	
N60	Z111	
N70	M05	
N80	M00	
N90	M03 S1222	
N100	T0202	
N110	G0 X42 Z2	
N120	N1 G1 X0 F100	
N130	Z0	
N140	G03 X24 Z－24 R15	
N150	G02 X25.98 Z－31 R5	
N160	G1 Z－40	
N170	X31.98	
N180	N2 Z－50	
N190	G0 X111	
N200	Z111	
N210	M30	

五、评分表

评分表见表 2-9。

表 2-9　评分表

序号	项目	考核内容及要求	评分标准	配分	检测结果	得分	评分人
1	外圆尺寸	$\phi 26_{-0.033}^{0}$	每超差 0.01 mm 扣减 2 分	14			
		$\phi 32_{-0.039}^{0}$	每超差 0.01 mm 扣减 2 分	14			
2	圆弧尺寸	R15	不符合要求时，酌情扣 1~15 分	20			
		R5					
3	长度尺寸	40	每超差 0.01 mm 扣减 2 分	10			
		31	每超差 0.01 mm 扣减 2 分	6			
		50±0.1	超差无分	6			
4	安全文明生产	1. 遵守车床安全操作规程 2. 刀具、工具、量具放置规范 3. 设备保养、场地整洁	不符合要求时，酌情扣 1~10 分	10			
5	工艺合理	1. 工件定位、夹紧及刀具选择合理 2. 加工顺序及刀具轨迹路线合理	不符合要求时，酌情扣 1~10 分	10			
6	程序编制	1. 指令正确，程序完整 2. 数值计算正确、程序编写表现出一定的技巧，简化计算和加工程序 3. 刀具补偿功能运用正确、合理 4. 切削参数、坐标系选择正确、合理	不符合要求时，酌情扣 1~10 分	10			

续表

序号	项目	考核内容及要求	评分标准	配分	检测结果	得分	评分人
7	项目完成情况自评						
企业专家、指导教师			学生姓名		总分		

注意事项

（1）按照零件加工及工艺要求提前准备必要的工、量、刀具。

（2）注意加工外圆和切断时，要防止车刀与卡盘相碰。

（3）注意车削外圆时，刀具不要与已加工表面产生干涉。

（4）加工过程中一定要提高警惕，将手放在"进给保持"或"急停"按钮上，如遇紧急情况，迅速按下按钮，防止意外事故的发生。

实训项目八 车槽和车断

实训目的

（1）熟练运用 G00 和 G01 指令编程。

（2）掌握宽槽的加工方法。

（3）能够正确使用量具测量工件的相关尺寸。

器材准备

数控车床 45 钢毛坯料 卡盘与刀架扳手 外圆车刀 切槽刀 切断刀 钢直尺 游标卡尺 外径千分尺

教学过程

一、零件图

零件图相关参数见图 2-4。

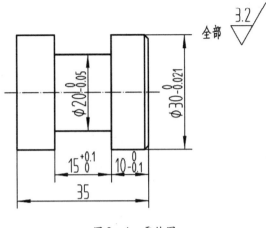

图 2 - 4　零件图

技术要求：

（1）锐角倒钝。

（2）未注公差尺寸的极限偏差按 GB/T 1804—2000 - m 级。

（3）零件加工表面上，不应有划痕、擦伤等损伤零件表面的缺陷。

二、刀具卡

刀具卡相关数据见表 2 - 10。

表 2 - 10　刀具卡

序号	刀具号	刀具名称	数量	加工表面	刀尖半径	刀尖方位
1	T01	45°合金端面刀	1	车端面	0.8 mm	3
2	T02	35°合金偏刀	1	粗、精车外轮廓	0.4 mm	3
3	T03	合金切槽刀	1	切槽	刀宽 4 mm	—
4	T04	合金切断刀	1	切断	刀宽 4 mm	—

三、加工工艺

1. 加工方案

如图 2 - 4 所示，根据零件的工艺特点和毛坯尺寸 $\phi 35 \times 60$ mm，确定加工方案：

（1）采用三爪自定心卡盘装卡，零件伸出卡盘 40 mm。

（2）加工零件前先对刀，设置编程原点在右端面的轴线上。

31

（3）加工零件外轮廓至尺寸要求。

（4）采用切槽刀，切槽至尺寸要求。

（5）切断，保证总长。

2. 工序卡

工序卡相关数据见表2-11。

表2-11　工序卡

工步号	工步内容	刀具号	刀具规格 /mm	主轴转速 $n/(\mathrm{r\cdot min^{-1}})$	进给量 $f/(\mathrm{mm\cdot min^{-1}})$	背吃刀量 ap/mm	备注
1	平端面	T01	20×20	1000	100	1	手动
2	粗车外轮廓	T02	20×20	800	150	1	自动
3	精车外轮廓	T02	20×20	1200	100	0.5	自动
3	切槽	T03	20×20	1000	50	—	自动
4	切断	T03	20×20	600	30	—	手动

四、加工程序

程序号：O0001（宽槽）

段号	程序内容	备　注
	%1	
N10	M03 S600	
N20	T0303	
N30	G0 X32 Z2	
N40	Z−14	
N50	G1 X20 F30	
N60	G0 X32	
N70	Z−17	
N80	G1 X20 F30	
N90	G0 X32	
N100	Z−20	
N110	G1 X20 F30	
N120	G0 X32	

续表

段号	程序内容	备　注
N130	Z – 23	
N140	G1 X20 F30	
N150	G0 X32	
N160	Z – 25	
N170	G1 X19. 98 F30	
N180	Z – 14	
N190	X32	
N200	G0 X111	
N210	Z111	
N220	M30	

五、评分表

评分表见表 2 – 12。

表 2 – 12　评分表

序号	项目	考核内容及要求	评分标准	配分	检测结果	得分	评分人
1	外圆尺寸	$\phi30_{-0.21}^{0}$	每超差 0. 01 mm 扣减 2 分	14			
		$\phi20_{-0.05}^{0}$	每超差 0. 01 mm 扣减 2 分	14			
2	长度尺寸	$10_{-0.1}^{0}$	每超差 0. 01 mm 扣减 2 分	14			
		$15_{0}^{+0.1}$	每超差 0. 01 mm 扣减 2 分	14			
		35	每超差 0. 01mm 扣减 2 分	14			
3	安全文明生产	1. 遵守车床安全操作规程 2. 刀具、工具、量具放置规范 3. 设备保养、场地整洁	不符合要求时，酌情扣 1 ~ 5 分	5			
4	工艺合理	1. 工件定位、夹紧及刀具选择合理 2. 加工顺序及刀具轨迹路线合理	不符合要求时，酌情扣 1 ~ 5 分	5			

续表

序号	项目	考核内容及要求	评分标准	配分	检测结果	得分	评分人
5	程序编制	1. 指令正确，程序完整 2. 数值计算正确、程序编写表现出一定的技巧，简化计算和加工程序 3. 刀具补偿功能运用正确、合理 4. 切削参数、坐标系选择正确、合理	不符合要求时，酌情扣 1~10 分	10			
6	项目完成情况自评						
企业专家、指导教师			学生姓名			总分	

注意事项

（1）按照零件加工及工艺要求提前准备必要的工、量、刀具。

（2）注意加工外圆和切断时，要防止车刀与卡盘相碰。

（3）注意编制宽槽的加工程序时，需考虑切槽刀片的宽度。

（4）加工过程中一定要提高警惕，将手放在"进给保持"或"急停"按钮上，如遇紧急情况，迅速按下按钮，防止意外事故的发生。

实训项目九　三角螺纹车削

实训目的

（1）掌握三角螺纹的编程方法。

（2）合理选择螺纹加工的切削用量。

（3）能对三角螺纹的加工质量进行分析。

器材准备

数控车床　45 钢毛坯料　卡盘与刀架扳手　外圆车刀　切槽刀　切断刀　螺纹刀　钢直尺　游标卡尺　外径千分尺

教学过程

一、零件图

零件图相关参数见图 2－5。

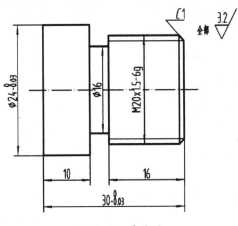

图 2－5　零件图

技术要求：

（1）锐角倒钝。

（2）未注公差尺寸的极限偏差按 GB/T 1804—2000 – m 级。

（3）零件加工表面上，不应有划痕、擦伤等损伤零件表面的缺陷。

二、刀具卡

刀具卡相关数据见表 2 - 13。

表 2 - 13　刀具卡

序号	刀具号	刀具名称	数量	加工表面	刀尖半径	刀尖方位
1	T01	45°合金端面刀	1	车端面	0.8 mm	3
2	T02	35°合金偏刀	1	粗、精车外轮廓	0.4 mm	3
3	T03	合金切槽刀	1	切槽	刀宽 4 mm	—
4	T04	60°合金外螺纹刀	1	车螺纹	0.2 mm	—
5	T04	合金切断刀	1	切断	刀宽 4 mm	—

三、加工工艺

1. 加工方案

如图 2 - 5 所示，根据零件的工艺特点和毛坯尺寸 $\phi35 \times 60$ mm，确定加工方案：

（1）采用三爪卡盘装夹工件，伸出 40 mm 左右。

（2）加工零件前先对刀，设置编程原点在右端面的轴线上。

（3）加工零件外轮廓至尺寸要求。

（4）采用切槽刀，切槽至尺寸要求。

（5）车螺纹至尺寸要求。

（6）按尺寸要求切断。

2. 工序卡

工序卡相关数据见表 2 - 14。

表 2 - 2　工序卡

工步号	工步内容	刀具号	刀具规格 /mm	主轴转速 $n/(\text{r} \cdot \text{min}^{-1})$	进给量 $f/(\text{mm} \cdot \text{min}^{-1})$	背吃刀量 ap/mm	备注
1	平端面	T01	20×20	1000	100	1	手动
2	粗车外轮廓	T02	20×20	800	150	1	自动
3	精车外轮廓	T02	20×20	1200	100	0.5	自动
4	切槽	T03	20×20	1000	50	1	自动

续表

工步号	工步内容	刀具号	刀具规格/mm	主轴转速 $n/(\mathrm{r \cdot min^{-1}})$	进给量 $f/(\mathrm{mm \cdot min^{-1}})$	背吃刀量 a_p/mm	备注
5	粗、精车螺纹	T04	20×20	1000	1.5	0.8、0.6、0.4、0.2、0.15	自动
6	切断	T04	20×20	600	30	—	手动

四、加工程序

程序号：O0001（螺纹）

段号	程序内容	备　注
	%1	
N10	M03 S600	
N20	T0404	
N30	G0 X22 Z5	
N40	G82 X19.2 Z −17 F1.5	
N50	X18.6	
N60	X18.4	
N70	X18.2	
N80	X18.05	
N90	G0 X111	
N100	Z111	
N110	M30	

五、评分表

评分表见表 2 − 15。

表 2 − 15　评分表

序号	项目	考核内容及要求	评分标准	配分	检测结果	得分	评分人
1	外圆尺寸	$\phi24^{0}_{-0.03}$	每超差 0.01 mm 扣减 2 分	14			
		$\phi16$	每超差 0.01 mm 扣减 2 分	14			

续表

序号	项目	考核内容及要求	评分标准	配分	检测结果	得分	评分人
2	螺纹尺寸	M20×1.5	不符合要求时，酌情扣1~20分	20			
3	长度尺寸	$30_{-0.03}^{0}$	每超差0.01 mm扣减2分	10			
		16	每超差0.01 mm扣减1分	6			
		10	每超差0.01 mm扣减1分	6			
4	倒角尺寸	$C1$	超差无分	5			
5	其余尺寸	表面粗糙度1.6μm	不符合要求时，酌情扣1~10分	10			
6	安全文明生产	1. 遵守车床安全操作规程 2. 刀具、工具、量具放置规范 3. 设备保养、场地整洁	不符合要求时，酌情扣1~5分	5			
7	工艺合理	1. 工件定位、夹紧及刀具选择合理 2. 加工顺序及刀具轨迹路线合理	不符合要求时，酌情扣1~5分	5			
8	程序编制	1. 指令正确，程序完整 2. 数值计算正确、程序编写表现出一定的技巧，简化计算和加工程序 3. 刀具补偿功能运用正确、合理 4. 切削参数、坐标系选择正确、合理	不符合要求时，酌情扣1~5分	5			
9	项目完成情况自评						
企业专家、指导教师			学生姓名		总分		

注意事项

（1）注意加工外圆和切槽时，要防止车刀与卡盘相碰。

（2）加工螺纹时，要防止螺纹车刀与 ϕ24 mm 台阶相碰。

（3）加工过程中一定要提高警惕，将手放在"进给保持"或"急停"按钮上，如遇紧急情况，迅速按下按钮，防止意外事故的发生。

实训项目十　圆锥螺纹加工

实训目的

（1）掌握圆锥螺纹的编程方法。

（2）合理选择螺纹加工的切削用量。

（3）能对圆锥螺纹的加工质量进行分析。

器材准备

数控车床　45 钢毛坯料　卡盘与刀架扳手　外圆车刀　切槽刀　切断刀　螺纹刀　钢直尺　游标卡尺　外径千分尺

教学过程

一、零件图

零件图相关参数见图 2 - 6。

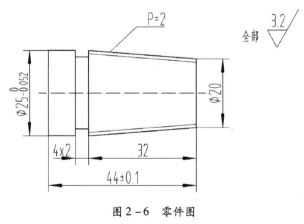

图 2 - 6　零件图

技术要求：

（1）锐角倒钝。

（2）未注公差尺寸的极限偏差按 GB/T 1804—2000 – m 级。

（3）零件加工表面上，不应有划痕、擦伤等损伤零件表面的缺陷。

二、刀具卡

刀具卡相关数据见表 2 – 16。

表 2 – 16　刀具卡

序号	刀具号	刀具名称	数量	加工表面	刀尖半径	刀尖方位
1	T01	45°合金端面刀	1	车端面	0.8 mm	3
2	T02	35°合金偏刀	1	粗、精车外轮廓	0.4 mm	3
3	T03	合金切槽刀	1	切槽	刀宽 4 mm	—
4	T04	60°合金外螺纹刀	1	车螺纹	0.2 mm	—
5	T04	合金切断刀	1	切断	刀宽 3 mm	—

三、加工工艺

1. 加工方案

如图 2 – 6 所示，根据零件的工艺特点和毛坯尺寸 $\phi30 \times 60$ mm，确定加工方案：

（1）采用三爪卡盘装夹工件，伸出 55 mm 左右。

（2）加工零件前先对刀，设置编程原点在右端面的轴线上。

（3）采用外圆刀加工外表面。

（4）切槽刀，切槽至尺寸要求。

（5）车螺纹至尺寸要求。

（6）按尺寸要求切断。

2. 工序卡

工序卡相关数据见表 2 – 17。

表 2-17　工序卡

工步号	工步内容	刀具号	刀具规格 /mm	主轴转速 $n/(\mathrm{r\cdot min^{-1}})$	进给量 $f/(\mathrm{mm\cdot min^{-1}})$	背吃刀量 ap/mm	备注
1	平端面	T01	20×20	1000	100	1	手动
2	粗车外轮廓	T02	20×20	800	150	1	自动
3	精车外轮廓	T02	20×20	1200	100	0.5	自动
4	切槽	T03	20×20	600	25	1	自动
5	车螺纹	T04	20×20	600	1.5	0.9、0.6、0.6、0.4、0.1	自动
6	切断	T03	20×20	600	30	—	手动

四、加工程序

程序号：O0001（螺纹）

段号	程序内容	备　注
	%1	
N10	M03 S600	
N20	T0404	
N30	G0 X27 Z5	
N40	G82 X24.4 Z-34 I-2.9 F2	
N50	X23.8	
N60	X23.2	
N70	X22.8	
N80	X22.7	
N90	G0 X111	
N100	Z111	
N110	M30	

五、评分表

评分表见表 2-18。

表 2-18　评分表

序号	项目	考核内容及要求	评分标准	配分	检测结果	得分	评分人
1	外圆尺寸	$\phi25_{-0.052}^{\ 0}$	每超差 0.01 mm 扣减 2 分	14			
		$\phi21$	每超差 0.01 mm 扣减 5 分	14			
2	螺纹尺寸	$P=2$	不符合要求时, 酌情扣 1~20 分	20			
3	长度尺寸	32	每超差 0.01 mm 扣减 2 分	10			
		8	每超差 0.01 mm 扣减 2 分	6			
		44 ± 0.1	超差无分	6			
4	其余尺寸	表面粗糙度 3.2 μm	不符合要求时, 酌情扣 1~10 分	10			
5	安全文明生产	1. 遵守车床安全操作规程 2. 刀具、工具、量具放置规范 3. 设备保养、场地整洁	不符合要求时, 酌情扣 1~5 分	5			
6	工艺合理	1. 工件定位、夹紧及刀具选择合理 2. 加工顺序及刀具轨迹路线合理	不符合要求时, 酌情扣 1~5 分	5			
7	程序编制	1. 指令正确, 程序完整 2. 数值计算正确、程序编写表现出一定的技巧, 简化计算和加工程序 3. 刀具补偿功能运用正确、合理 4. 切削参数、坐标系选择正确、合理	不符合要求时, 酌情扣 1~10 分	10			
8	项目完成情况自评						
企业专家、指导教师			学生姓名		总分		

注意事项

（1）注意加工外圆和切槽时，要防止车刀与卡盘相碰。

（2）需准确计算出锥螺纹的起刀点和退刀点。

（3）加工过程中一定要提高警惕，将手放在"进给保持"或"急停"按钮上，如遇紧急情况，迅速按下按钮，防止意外事故的发生。

实训项目十一　简单轴加工

实训目的

（1）掌握循环指令 G71 的编程方法。

（2）能够运用循环指令对零件进行粗、精加工。

器材准备

数控车床　45 钢毛坯料　卡盘与刀架扳手　外圆车刀　切槽刀　切断刀　钢直尺　游标卡尺　外径千分尺

教学过程

一、零件图

零件图相关参数见图 2-7。

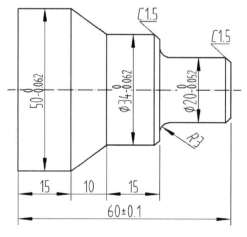

图 2-7　零件图

技术要求：

（1）锐角倒钝。

（2）未注公差尺寸的极限偏差按 GB/T 1804—2000 – m 级。

（3）零件加工表面上，不应有划痕、擦伤等损伤零件表面的缺陷。

二、刀具卡

刀具卡相关数据见表 2 – 19。

表 2 – 19   刀具卡

序号	刀具号	刀具名称	数量	加工表面	刀尖半径	刀尖方位
1	T01	45°合金端面刀	1	车端面	0.8 mm	3
2	T02	35°合金偏刀	1	粗、精车外轮廓	0.4 mm	3
3	T03	合金切槽刀	1	切槽	刀宽4 mm	—
4	T04	合金切断刀	1	切断	刀宽4 mm	—

三、加工工艺

1. 加工方案

如图 2 – 7 所示，根据零件的工艺特点和毛坯尺寸 $\phi55 \times 90$ mm，确定加工方案：

（1）采用三爪卡盘装夹工件，伸出 70 mm 左右。

（2）加工零件前先对刀，设置编程原点在右端面的轴线上。

（3）粗、精车采用同一把刀加工。

（4）加工至尺寸要求后切断。

2. 工序卡

工序卡相关数据见表 2 – 20。

表 2 – 20   工序卡

工步号	工步内容	刀具号	刀具规格 /mm	主轴转速 $n/(\text{r} \cdot \text{min}^{-1})$	进给量 $f/(\text{mm} \cdot \text{min}^{-1})$	背吃刀量 ap/mm	备注
1	平端面	T01	20×20	1000	100	1	手动
2	粗车外轮廓	T02	20×20	800	150	1	自动
3	精车外轮廓	T02	20×20	1200	100	0.5	自动
4	切断	T03	20×20	600	30	—	手动

四、加工程序

程序号：O0001

段号	程序内容	备　注
	%1	
N10	M03 S600	
N20	T0202	
N30	G0 X57 Z2	
N40	G71 U1 R1 P1 Q2 X0. 5 Z0. 1 F150	
N50	G0 X111	
N60	Z111	
N70	M05	
N80	M00	
N90	M03 S1222	
N100	T0202	
N110	G0 X22 Z2	
N120	N1 G1 X17 F100	
N130	Z0	
N140	X19. 98 Z – 1. 5	
N150	Z – 20 R3	
N160	X33. 97 C1. 5	
N170	Z – 35	
N180	X49. 97 Z – 45	
N190	N2 Z – 60	
N200	G0 X111	
N210	Z111	
N220	M30	

五、评分表

评分表见表 2 – 21。

表 2 – 21　评分表

序号	项目	考核内容及要求	评分标准	配分	检测结果	得分	评分人
1	外圆尺寸	$\phi 50_{-0.062}^{0}$	每超差 0.01 mm 扣减 2 分	10			
		$\phi 34_{-0.062}^{0}$	每超差 0.01 mm 扣减 2 分	10			
		$\phi 20_{-0.052}^{0}$	每超差 0.01 mm 扣减 2 分	10			
		$R3$	超差无分	10			
2	长度尺寸	60 ± 0.1	每超差 0.01 mm 扣减 2 分	10			
		15（两处）	每超差 0.01 mm 扣减 2 分	10			
		10	每超差 0.01 mm 扣减 2 分	10			
3	倒角尺寸	$C1.5$（两处）	超差无分	10			
4	安全文明生产	1. 遵守车床安全操作规程 2. 刀具、工具、量具放置规范 3. 设备保养、场地整洁	不符合要求时，酌情扣 1~6 分	6			
5	工艺合理	1. 工件定位、夹紧及刀具选择合理 2. 加工顺序及刀具轨迹路线合理	不符合要求时，酌情扣 1~6 分	6			
6	程序编制	1. 指令正确，程序完整 2. 数值计算正确、程序编写表现出一定的技巧，简化计算和加工程序 3. 刀具补偿功能运用正确、合理 4. 切削参数、坐标系选择正确、合理	不符合要求时，酌情扣 1~8 分	8			

续表

序号	项目	考核内容及要求	评分标准	配分	检测结果	得分	评分人
7	项目完成情况自评						
企业专家、指导教师			学生姓名		总分		

注意事项

（1）按照零件加工及工艺要求提前准备必要的工、量、刀具。

（2）注意加工外圆和切断时，要防止车刀与卡盘相碰。

（3）加工过程中一定要提高警惕，将手放在"进给保持"或"急停"按钮上，如遇紧急情况，迅速按下按钮，防止意外事故的发生。

第三部分　技能提升训练

实训项目十二　螺纹轴加工

实训目的

（1）掌握螺纹轴的编程方法。

（2）合理选择螺纹加工的切削用量。

（3）掌握车削三角螺纹的基本方法。

（4）能对三角螺纹的加工质量进行分析。

器材准备

数控车床　45 钢毛坯料　卡盘与刀架扳手　外圆车刀　切槽刀　切断刀　螺纹刀　钢直尺　游标卡尺　外径千分尺

教学过程

一、零件图

零件图相关参数见图 3－1。

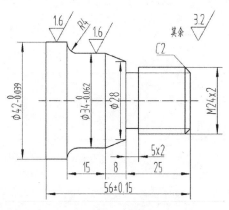

图 3－1　零件图

48

技术要求：

（1）锐角倒钝。

（2）未注公差尺寸的极限偏差按 GB/T 1804—2000 - m 级。

（3）零件加工表面上，不应有划痕、擦伤等损伤零件表面的缺陷。

二、刀具卡

刀具卡相关数据见表 3 - 1。

表 3 - 1　刀具卡

序号	刀具号	刀具名称	数量	加工表面	刀尖半径	刀尖方位
1	T01	45°合金端面刀	1	车端面	0.8 mm	3
2	T02	35 纹合金偏刀	1	粗、精车外轮廓	0.4 mm	3
3	T03	合金切槽刀	1	切槽	刀宽 4 mm	—
4	T04	60°合金外螺纹刀	1	车螺纹	0.2 mm	—
5	T04	合金切断刀	1	切断	刀宽 3 mm	—

三、加工工艺

1. 加工方案

如图 3 - 1 所示，根据零件的工艺特点和毛坯尺寸 $\phi 50 \times 90$ mm，确定加工方案：

（1）采用三爪卡盘装夹工件，伸出 65 mm 左右。

（2）加工零件前先对刀，设置编程原点在右端面的轴线上。

（3）采用外圆刀加工外表面。

（4）切槽刀，切槽至尺寸要求。

（5）车螺纹至尺寸要求。

（6）按尺寸要求切断。

2. 工序卡

工序卡相关数据见表 3 - 2。

表 3 - 2　工序卡

工步号	工步内容	刀具号	刀具规格 /mm	主轴转速 $n/(\text{r} \cdot \text{min}^{-1})$	进给量 $f/(\text{mm} \cdot \text{min}^{-1})$	背吃刀量 ap/mm	备注
1	平端面	T01	20×20	1000	100	1	手动
2	粗车外轮廓	T02	20×20	800	150	1	自动
3	精车外轮廓	T02	20×20	1200	100	0.5	自动
4	切断	T03	20×20	600	30	—	手动

四、加工程序

加工程序由学生自编。

五、评分表

评分表见表 3 - 3。

表 3 - 3　评分表

序号	项目	考核内容及要求	评分标准	配分	检测结果	得分	评分人
1	外圆尺寸	$\phi 34_{-0.062}^{0}$	每超差 0.01 mm 扣减 2 分	10			
		$\phi 42_{-0.039}^{0}$	每超差 0.01 mm 扣减 2 分	10			
		$\phi 28$	每超差 0.01 mm 扣减 2 分	6			
2	螺纹	M24×2	不符合要求时,酌情扣 1~15 分	15			
3	长度尺寸	56±0.15	每超差 0.01 mm 扣减 2 分	10			
		25	每超差 0.01 mm 扣减 1 分	5			
		15	每超差 0.01 mm 扣减 1 分	5			
		8	每超差 0.01 mm 扣减 1 分	5			
4	倒角	C2	超差无分	4			
5	其余	表面粗糙度 1.6μm	不符合要求时,酌情扣 1~10 分	10			
6	安全文明生产	1. 遵守车床安全操作规程 2. 刀具、工具、量具放置规范 3. 设备保养、场地整洁	不符合要求时,酌情扣 1~5 分	5			

续表

序号	项目	考核内容及要求	评分标准	配分	检测结果	得分	评分人
7	工艺合理	1. 工件定位、夹紧及刀具选择合理 2. 加工顺序及刀具轨迹路线合理	不符合要求时，酌情扣1~5分	5			
8	程序编制	1. 指令正确，程序完整 2. 数值计算正确、程序编写表现出一定的技巧，简化计算和加工程序 3. 刀具补偿功能运用正确、合理 4. 切削参数、坐标系选择正确、合理	不符合要求时，酌情扣1~10分	10			
9	项目完成情况自评						
企业专家、指导教师			学生姓名		总分		

注意事项

（1）照零件加工及工艺要求提前准备必要的工、量、刀具。

（2）根据螺纹的牙型角、导程合理选择螺纹加工刀具。

（3）注意加工外圆和切断时，要防止车刀与卡盘相碰。

（4）加工过程中一定要提高警惕，将手放在"进给保持"或"急停"按钮上，如遇紧急情况，迅速按下按钮，防止意外事故的发生。

实训项目十三　综合轴加工

实训目的

（1）合理选择装夹方案。

（2）熟练掌握车削三角螺纹的基本方法。

（3）合理安排加工工艺。

（4）能对加工质量进行分析。

器材准备

数控车床　45 钢毛坯料　卡盘与刀架扳手　外圆车刀　切槽刀　切断刀　螺纹刀　钢直尺　游标卡尺　外径千分尺

教学过程

一、零件图

零件图相关参数见图 3 - 2。

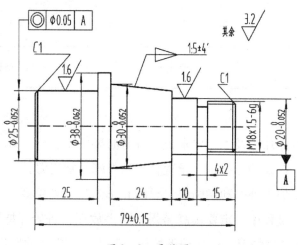

图 3 - 2　零件图

技术要求：

（1）锐角倒钝。

（2）未注公差尺寸的极限偏差按 GB/T 1804—2000 - m 级。

（3）零件加工表面上，不应有划痕、擦伤等损伤零件表面的缺陷。

（4）未注倒角：0.5×45°。

二、刀具卡

刀具卡相关数据见表 3-4。

表 3-4　刀具卡

序号	刀具号	刀具名称	数量	加工表面	刀尖半径	刀尖方位
1	T01	45°合金端面刀	1	车端面	0.8 mm	3
2	T02	35°合金偏刀	1	粗、精车外轮廓	0.4 mm	3
3	T03	合金切槽刀	1	切槽	刀宽 4 mm	—
4	T04	60°合金外螺纹刀	1	车螺纹	0.2 mm	—

三、加工工艺

1. 加工方案

如图 3-2 所示，根据零件的工艺特点和毛坯尺寸 $\phi40×82$ mm，确定加工方案：

（1）采用三爪卡盘装夹工件，伸出 35 mm 左右。

（2）加工零件前先对刀，设置编程原点在右端面的轴线上。

（3）粗、精车左端轮廓至 $\phi30$ mm。

（4）工件掉头，保证总长。

（5）车外圆至尺寸要求。

（6）车 4×2 mm 槽，车 M18×1.5 mm 螺纹。

2. 工序卡

工序卡相关数据见表 3-5。

表 3-5　工序卡

工步号	工步内容	刀具号	刀具规格 /mm	主轴转速 $n/(\mathrm{r·min^{-1}})$	进给量 $f/(\mathrm{mm·min^{-1}})$	背吃刀量 ap/mm	备注
1	平端面	T01	20×20	1000	100	1	手动
2	粗车左端外轮廓至尺寸要求	T02	20×20	800	150	1	自动

续表

工步号	工步内容	刀具号	刀具规格 /mm	主轴转速 $n/(\text{r} \cdot \text{min}^{-1})$	进给量 $f/(\text{mm} \cdot \text{min}^{-1})$	背吃刀量 ap/mm	备注
1	平端面	T01	20×20	1000	100	1	手动
3	精车左端外轮廓至尺寸要求	T02	20×20	1200	100	0.5	自动
4	掉头、车端面、定总长	T01	20×20	1000	100	1	手动
5	粗车左端外轮廓至尺寸要求	T02	20×20	800	150	1	自动
6	精车左端外轮廓至尺寸要求	T02	20×20	1200	100	0.5	自动
7	车槽	T03	20×20	1000	50	1	自动
8	车螺纹	T04	20×20	1000	1.5	0.2	自动

四、加工程序

加工程序由学生自编。

五、评分表

评分表见表3－6。

表3－6 评分表

序号	项目	考核内容及要求	评分标准	配分	检测结果	得分	评分人
1	外圆尺寸	$\phi25_{-0.052}^{0}$	每超差0.01 mm扣减2分	10			
		$\phi38_{-0.062}^{0}$	每超差0.01 mm扣减2分	10			
		$\phi30_{-0.052}^{0}$	每超差0.01 mm扣减2分	10			
		$\phi20_{-0.052}^{0}$	每超差0.01mm扣减2分	10			
2	螺纹尺寸	M18×1.5－6g	不符合要求时，酌情扣1~10分	10			

续表

序号	项目	考核内容及要求	评分标准	配分	检测结果	得分	评分人
3	长度尺寸	79±0.15	每超差0.01 mm扣减2分	10			
		25	每超差0.01 mm扣减1分	5			
		24	每超差0.01 mm扣减1分	5			
		10	每超差0.01 mm扣减1分	5			
		15	每超差0.01 mm扣减1分	5			
	槽	4×2	每超差0.01 mm扣减1分	5			
	锥度	15′	每超差0.01mm扣减1分	5			
4	倒角尺寸	C1	每超差0.01mm扣减1分	2			
5	其余尺寸	表面粗糙度1.6μm	不符合要求时,酌情扣1~2分	2			
6	安全文明生产	1. 遵守车床安全操作规程 2. 刀具、工具、量具放置规范 3. 设备保养、场地整洁	不符合要求时,酌情扣1~2分	2			
7	工艺合理	1. 工件定位、夹紧及刀具选择合理 2. 加工顺序及刀具轨迹路线合理	不符合要求时,酌情扣1~2分	2			
8	程序编制	1. 指令正确,程序完整 2. 数值计算正确、程序编写表现出一定的技巧,简化计算和加工程序 3. 刀具补偿功能运用正确、合理 4. 切削参数、坐标系选择正确、合理	不符合要求时,酌情扣1~2分	2			

续表

序号	项目	考核内容及要求	评分标准	配分	检测结果	得分	评分人
9	项目完成情况自评						
企业专家、指导教师			学生姓名		总分		

注意事项

（1）按照零件加工及工艺要求提前准备必要的工、量、刀具。

（2）根据螺纹的牙型角、导程合理选择螺纹加工刀具。

（3）二次装夹找正后，不能损伤零件已加工表面。

（4）加工过程中一定要提高警惕，将手放在"进给保持"或"急停"按钮上，如遇紧急情况，迅速按下按钮，防止意外事故的发生。

实训项目十四　通孔件加工

实训目的

（1）掌握钻孔的基本方法。

（2）掌握通孔加工的基本方法。

（3）能够对加工质量进行分析。

器材准备

数控车床　45钢毛坯料　卡盘与刀架扳手　中心钻　麻花钻　外圆车刀　内孔车刀　钢直尺　游标卡尺　内径千分尺

教学过程

一、零件图

零件图相关参数见图3-3。

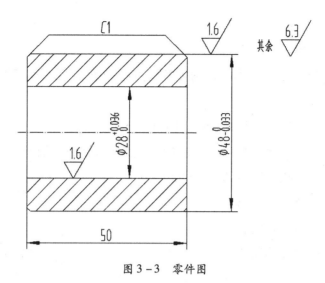

图 3-3 零件图

技术要求：

（1）锐角倒钝。

（2）未注公差尺寸的极限偏差按 GB/T 1804—2000 - m 级。

（3）零件加工表面上，不应有划痕、擦伤等损伤零件表面的缺陷。

二、刀具卡

刀具卡相关数据见表 3-7。

表 3-7 刀具卡

序号	刀具号	刀具名称	数量	加工表面	刀尖半径	刀尖方位
1	T01	45°合金端面刀	1	车端面	0.8 mm	3
2	T02	35°合金偏刀	1	粗、精车外轮廓	0.4 mm	3
3	T03	镗孔车刀	1	粗、精镗内孔	0.4 mm	2
4	T04	合金切断刀	1	切断	刀宽 3 mm	—
5	—	中心钻	1	钻中心孔	安装至尾座	
6	—	钻头	1	钻ϕ20 孔	安装至尾座	

三、加工工艺

1. 加工方案

如图 3-3 所示，根据零件的工艺特点和毛坯尺寸 $\phi50 \times 70$ mm，确定加工方案：

（1）采用三爪卡盘装夹工件，伸出 55 mm 左右。

（2）加工零件前先对刀，设置编程原点在右端面的轴线上。

（3）打中心孔、钻 $\phi20$ mm 的孔。

（4）粗、精车内轮廓。

（5）粗、精车外轮廓。

（6）保证总长并切断。

2. 工序卡

工序卡相关数据见表 3-8。

表 3-8　工序卡

工步号	工步内容	刀具号	刀具规格/mm	主轴转速 $n/(\text{r}\cdot\text{min}^{-1})$	进给量 $f/(\text{mm}\cdot\text{min}^{-1})$	背吃刀量 ap/mm	备注
1	平端面	T01	20×20	1000	100	1	手动
2	打中心孔	—	A4	1000	50	1	手动
3	钻孔	—	$\phi20$	450	25	1	手动
4	粗车内轮廓	T03	$\phi16$	800	150	1	自动
5	精车内轮廓	T03	$\phi16$	1200	100	0.5	自动
6	粗车外轮廓	T02	20×20	800	150	1	自动
7	精车外轮廓	T02	20×20	1200	100	0.5	自动
8	切断	T04	20×20	600	30	—	手动

四、加工程序

加工程序由学生自编。

五、评分表

评分表见表 3-9。

表3-9 评分表

序号	项目	考核内容及要求	评分标准	配分	检测结果	得分	评分人
1	外圆尺寸	$\phi 48_{-0.033}^{0}$	每超差0.01 mm扣减5分	20			
2	内圆尺寸	$\phi 28_{0}^{+0.036}$	每超差0.01 mm扣减5分	20			
3	长度尺寸	50	每超差0.01 mm扣减2分	14			
4	倒角尺寸	C1	超差无分	10			
5	其余尺寸	表面粗糙度1.6 μm	不符合要求时,酌情扣1~10分	10			
6	安全文明生产	1. 遵守车床安全操作规程 2. 刀具、工具、量具放置规范 3. 设备保养、场地整洁	不符合要求时,酌情扣1-6分	6			
7	工艺合理	1. 工件定位、夹紧及刀具选择合理 2. 加工顺序及刀具轨迹路线合理	不符合要求时,酌情扣1~10分	10			
8	程序编制	1. 指令正确,程序完整 2. 数值计算正确、程序编写表现出一定的技巧,简化计算和加工程序 3. 刀具补偿功能运用正确、合理 4. 切削参数、坐标系选择正确、合理	不符合要求时,酌情扣1~10分	10			
9	项目完成情况自评						
企业专家、指导教师			学生姓名		总分		

注意事项

（1）按照零件加工及工艺要求提前准备必要的工、量、刀具。

（2）选择好打中心孔和钻孔的主轴转速。

（3）加工过程中一定要提高警惕，将手放在"进给保持"或"急停"按钮上，如遇紧急情况，迅速按下按钮，防止意外事故的发生。

实训项目十五　阶梯孔加工

实训目的

（1）掌握阶梯孔加工的基本方法。

（2）能够对加工质量进行分析。

器材准备

数控车床　实训项目十四工件　卡盘与刀架扳手　外圆车刀　内孔车刀　钢直尺　游标卡尺　内径千分尺

教学过程

一、零件图

零件图相关参数见图 3-4。

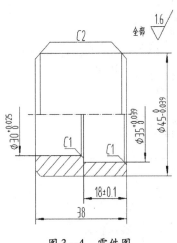

图 3-4　零件图

技术要求：

（1）锐角倒钝。

（2）未注公差尺寸的极限偏差按 GB/T 1804—2000 – m 级。

（3）零件加工表面上，不应有划痕、擦伤等损伤零件表面的缺陷。

二、刀具卡

刀具卡相关数据见表 3 – 10。

表 3 – 10　刀具卡

序号	刀具号	刀具名称	数量	加工表面	刀尖半径	刀尖方位
1	T01	45°合金端面刀	1	车端面	0.8 mm	3
2	T02	35°合金偏刀	1	粗、精车外轮廓	0.4 mm	3
3	T03	镗孔车刀	1	粗、精镗内孔	0.4 mm	2
4	T04	合金切断刀	1	切断	刀宽 3 mm	—

三、加工工艺

1. 加工方案

如图 3 – 4 所示，根据零件的工艺特点和毛坯尺寸 $\phi 50 \times 70$ mm，确定加工方案：

（1）采用三爪卡盘装夹工件，伸出 45 mm 左右。

（2）加工零件前先对刀，设置编程原点在右端面的轴线上。

（3）粗、精车内轮廓。

（4）粗、精车外轮廓。

（5）保证总长并切断。

2. 工序卡

工序卡相关数据见表 3 – 11。

表 3 – 11　工序卡

工步号	工步内容	刀具号	刀具规格 /mm	主轴转速 $n/(r \cdot min^{-1})$	进给量 $f/(mm \cdot min^{-1})$	背吃刀量 ap/mm	备注
1	平端面	T01	20×20	1000	100	1	手动
2	粗车内轮廓	T03	$\phi16$	800	150	1	自动

续表

工步号	工步内容	刀具号	刀具规格 /mm	主轴转速 $n/(\text{r}\cdot\text{min}^{-1})$	进给量 $f/(\text{mm}\cdot\text{min}^{-1})$	背吃刀量 ap/mm	备注
3	精车内轮廓	T03	$\phi16$	1200	100	0.5	自动
4	粗车外轮廓	T02	20×20	800	150	1	自动
5	精车外轮廓	T02	20×20	1200	100	0.5	自动
6	切断	T04	20×20	600	30	—	手动

四、加工程序

加工程序由学生自编。

五、评分表

评分表见表 3 – 12。

表 3 – 12　评分表

序号	项目	考核内容及要求	评分标准	配分	检测结果	得分	评分人
1	外圆尺寸	$\phi45$	每超差 0.01 mm 扣减 2 分	10			
2	内圆尺寸	$\phi30^{+0.035}_{0}$	每超差 0.01 mm 扣减 2 分	20			
		$\phi35^{+0.039}_{0}$	每超差 0.01 mm 扣减 2 分	20			
3	长度尺寸	38	每超差 0.01 mm 扣减 1 分	5			
		18	每超差 0.01 mm 扣减 1 分	5			
4	倒角尺寸	$C1$、$C2$	超差无分	10			
5	其余尺寸	表面粗糙度 1.6 μm	不符合要求时，酌情扣 1~10 分	10			
6	安全文明生产	1. 遵守车床安全操作规程 2. 刀具、工具、量具放置规范 3. 设备保养、场地整洁	不符合要求时，酌情扣 1~5 分	5			

续表

序号	项目	考核内容及要求	评分标准	配分	检测结果	得分	评分人
7	工艺合理	1. 工件定位、夹紧及刀具选择合理 2. 加工顺序及刀具轨迹路线合理	不符合要求时，酌情扣1~10分	10			
8	程序编制	1. 指令正确，程序完整 2. 数值计算正确、程序编写表现出一定的技巧，简化计算和加工程序 3. 刀具补偿功能运用正确、合理 4. 切削参数、坐标系选择正确、合理	不符合要求时，酌情扣1~10分	10			
9	项目完成情况自评						
企业专家、指导教师			学生姓名		总分		

注意事项

（1）按照零件加工及工艺要求提前准备必要的工、量、刀具。

（2）选择好打中心孔和钻孔的主轴转速。

（3）加工过程中一定要提高警惕，将手放在"进给保持"或"急停"按钮上，如遇紧急情况，迅速按下按钮，防止意外事故的发生。

实训项目十六　内螺纹加工

实训目的

（1）掌握钻孔、扩孔的基本方法。

（2）掌握内螺纹加工的基本方法。

（3）能够对加工质量进行分析。

器材准备

数控车床　45 钢毛坯料　卡盘与刀架扳手　中心钻　麻花钻　外圆车刀　内孔车刀　内螺纹车刀　钢直尺　外径千分尺　M30×2 螺纹塞规

教学过程

一、零件图

零件图相关参数见图 3-5。

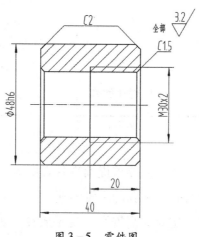

图 3-5　零件图

技术要求：

（1）锐角倒钝。

（2）未注公差尺寸的极限偏差按 GB/T 1804—2000-m 级。

（3）零件加工表面上，不应有划痕、擦伤等损伤零件表面的缺陷。

64

二、刀具卡

刀具卡相关数据见表 3 - 13。

表 3 - 13　刀具卡

序号	刀具号	刀具名称	数量	加工表面	刀尖半径	刀尖方位
1	T01	45°合金端面刀	1	车端面	0.8 mm	3
2	T02	35°合金偏刀	1	粗、精车外轮廓	0.4 mm	3
3	T03	镗孔车刀	1	镗内孔	0.4 mm	2
4	T04	内螺纹车刀	1	粗、精车内螺纹	0.2 mm	2
5	T04	合金切断刀	1	切断	刀宽 3 mm	—
6	—	中心钻	1	钻中心孔	安装至尾座	
7	—	钻头	1	钻 $\phi20$ 孔	安装至尾座	

三、加工工艺

1. 加工方案

如图 3 - 5 所示，根据零件的工艺特点和毛坯尺寸 $\phi50 \times 60$mm，确定加工方案：

（1）采用三爪卡盘装夹工件，伸出 48mm 左右。

（2）加工零件前先对刀，设置编程原点在右端面的轴线上。

（3）打中心孔、钻 $\phi20$ mm 的孔。

（4）粗、精车内圆柱面。

（5）粗、精车内螺纹。

（6）粗、精车外轮廓。

（7）保证总长并切断。

2. 工序卡

工序卡相关数据见表 3 - 14。

65

表3-14 工序卡

工步号	工步内容	刀具号	刀具规格/mm	主轴转速 $n/(r \cdot min^{-1})$	进给量 $f/(mm \cdot min^{-1})$	背吃刀量 ap/mm	备注
1	平端面	T01	20×20	1000	100	1	手动
2	打中心孔	—	A4	1000	50	1	手动
3	扩孔	—	$\phi20$	450	25	1	手动
4	粗车内轮廓	T03	$\phi16$	800	150	1	自动
5	精车内轮廓	T03	$\phi16$	1200	100	0.5	自动
6	粗、精车内螺纹	T04	$\phi16$	1000	2	0.2	自动
7	粗车外轮廓	T02	20×20	800	150	1	自动
8	精车外轮廓	T02	20×20	1200	100	0.5	自动
9	切断	T04	20×20	600	30	—	手动

四、加工程序

加工程序由学生自编。

五、评分表

评分表见表3-15。

表3-15 评分表

序号	项目	考核内容及要求	评分标准	配分	检测结果	得分	评分人
1	外圆尺寸	$\phi48h6$	每超差0.01 mm扣减2分	20			
2	内螺纹	M30×2	超差无分	15			
3	长度尺寸	40 mm	每超差0.01 mm扣减1分	10			
		20 mm	每超差0.01 mm扣减1分	10			
4	倒角尺寸	C1.5、C2	超差无分	4			

续表

序号	项目	考核内容及要求	评分标准	配分	检测结果	得分	评分人
6	其余尺寸	表面粗糙度 3.2 μm	不符合要求时，酌情扣 1～6 分	6			
7	安全文明生产	1. 遵守车床安全操作规程 2. 刀具、工具、量具放置规范 3. 设备保养、场地整洁	不符合要求时，酌情扣 1～10 分	10			
8	工艺合理	1. 工件定位、夹紧及刀具选择合理 2. 加工顺序及刀具轨迹路线合理	不符合要求时，酌情扣 1～15 分	15			
9	程序编制	1. 指令正确，程序完整 2. 数值计算正确、程序编写表现出一定的技巧，简化计算和加工程序 3. 刀具补偿功能运用正确、合理 4. 切削参数、坐标系选择正确、合理	不符合要求时，酌情扣 1～10 分	10			
10	项目完成情况自评						
企业专家、指导教师			学生姓名		总分		

注意事项

（1）按照零件加工及工艺要求提前准备必要的工、量、刀具。

（2）选择好打中心孔和钻孔的主轴转速。

（3）加工过程中一定要提高警惕，将手放在"进给保持"或"急停"按钮上，如遇紧急情况，迅速按下按钮，防止意外事故的发生。

实训项目十七　螺纹轴套加工

实训目的

（1）合理选择装夹方案。

（2）合理安排加工工艺。

（3）掌握内螺纹加工的基本方法。

（4）能够对加工质量进行分析。

器材准备

数控车床　45 钢毛坯料　卡盘与刀架扳手　中心钻　麻花钻　外圆车刀　内孔车刀　钢直尺　游标卡尺　内径千分尺

教学过程

一、零件图

零件图相关参数见图 3 – 6。

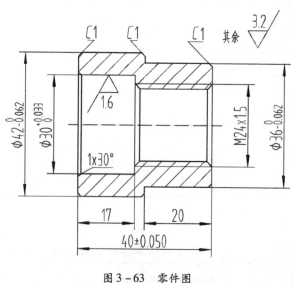

图 3 – 63　零件图

技术要求：

（1）锐角倒钝。

（2）未注公差尺寸的极限偏差按 GB/T 1804—2000 – m 级。

（3）零件加工表面上，不应有划痕、擦伤等损伤零件表面的缺陷。

二、刀具卡

刀具卡相关数据见表 3 – 16。

表 3 – 16　刀具卡

序号	刀具号	刀具名称	数量	加工表面	刀尖半径	刀尖方位
1	T01	45°合金端面刀	1	车端面	0.8 mm	3
2	T02	35°合金偏刀	1	粗、精车外轮廓	0.4 mm	3
3	T03	镗孔车刀	1	粗、精镗内孔	0.4 mm	2
4	T04	内螺纹车刀	1	粗、精车内螺纹	0.2 mm	2
5	—	中心钻	1	钻中心孔	安装至尾座	
6	—	钻头	1	钻 φ20 孔	安装至尾座	

三、加工工艺

1. 加工方案

如图 3 – 6 所示，根据零件的工艺特点和毛坯尺寸 φ45 × 43 mm，确定加工方案：

（1）采用三爪卡盘装夹工件，伸出 22 mm 左右。

（2）加工零件前先对刀，设置编程原点在右端面的轴线上。

（3）打中心孔、钻 φ20 mm 的孔。

（4）粗、精车左端内、外圆柱面。

（5）掉头装夹、保证总长。

（6）粗、精车内、外圆柱面。

（7）粗、精车外轮廓。

2. 工序卡

工序卡相关数据见表 3 – 17。

表 3-17　工序卡

工步号	工步内容	刀具号	刀具规格/mm	主轴转速 n/(r·min^{-1})	进给量 f/(mm·min^{-1})	背吃刀量 ap/mm	备注
1	车端面	T01	20×20	1000	100	1.5	手动
2	打中心孔	—	A4	1000	50	1	手动
3	扩孔	—	ϕ20	450	25	1	手动
4	粗车左端内轮廓	T03	20×20	800	150	1	自动
5	精车左端内轮廓	T03	20×20	1200	100	0.5	自动
6	粗车左端外轮廓	T02	20×20	800	150	1	自动
7	精车左端外轮廓	T02	20×20	1200	100	0.5	自动
8	掉头装夹、车端面、保证总长	T01	20×20	1000	50	1.5	手动
9	粗车右端内轮廓	T03	ϕ16	800	150	1	自动
10	精车右端内轮廓	T03	ϕ16	1200	100	0.5	自动
11	粗、精右端内螺纹	T04	ϕ16	1000	1.5	0.2	自动
12	粗车右端外轮廓	T02	20×20	800	150	1	自动
13	精车右端外轮廓	T02	20×20	1200	100	0.5	自动

四、加工程序

加工程序由学生自编。

五、评分表

评分表见表 3-18。

表 3-18 评分表

序号	项目	考核内容及要求	评分标准	配分	检测结果	得分	评分人
1	外圆尺寸	$\phi 42_{-0.062}^{0}$	每超差 0.01 mm 扣减 2 分	14			
		$\phi 36_{-0.062}^{0}$	每超差 0.01 mm 扣减 2 分	14			
2	内孔尺寸	$30_{0}^{+0.033}$	每超差 0.01 mm 扣减 2 分	14			
3	内螺纹	M24 × 1.5	超差无分	15			
4	长度尺寸	40 mm	每超差 0.01 mm 扣减 2 分	6			
		20 mm	每超差 0.01 mm 扣减 2 分	6			
5	倒角尺寸	C1 和 1 × 30°	超差无分	4			
6	其余尺寸	表面粗糙度 1.6 μm、3.2 μm	不符合要求时，酌情扣 1~6 分	6			
7	安全文明生产	1. 遵守车床安全操作规程 2. 刀具、工具、量具放置规范 3. 设备保养、场地整洁	不符合要求时，酌情扣 1~5 分	5			
8	工艺合理	1. 工件定位、夹紧及刀具选择合理 2. 加工顺序及刀具轨迹路线合理	不符合要求时，酌情扣 1~10 分	10			
9	程序编制	1. 指令正确，程序完整 2. 数值计算正确、程序编写表现出一定的技巧，简化计算和加工程序 3. 刀具补偿功能运用正确、合理 4. 切削参数、坐标系选择正确、合理	不符合要求时，酌情扣 1~6 分	6			

续表

序号	项目	考核内容及要求	评分标准	配分	检测结果	得分	评分人
10	项目完成情况自评						
企业专家、指导教师			学生姓名		总分		

注意事项

（1）按照零件加工及工艺要求提前准备必要的工、量、刀具。

（2）选择好打中心孔和钻孔的主轴转速。

（3）加工内螺纹时，注意刀具的进、退刀路线。

（4）加工过程中一定要提高警惕，将手放在"进给保持"或"急停"按钮上，如遇紧急情况，迅速按下按钮，防止意外事故的发生。

实训项目十八　锥套配合件加工

实训目的

（1）根据零件图合理编制加工工艺。

（2）掌握锥套配合件加工程序的编制和加工操作方法。

（3）能够对加工质量进行分析，并能合理安排加工工艺。

器材准备

数控车床　45 钢毛坯料　卡盘与刀架扳手　中心钻　麻花钻　外圆车刀　内孔车刀　钢直尺　游标卡尺　内径千分尺

教学过程

一、零件图

零件图相关参数见图 3－7。

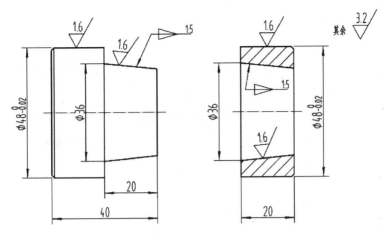

图 3-7 零件图

技术要求：

（1）未注倒角均为 $C1$。

（2）工件锐角倒钝。

（3）内外锥配合接触面积不得少于 60% 以上。

（4）不得使用砂布或锉刀等修饰表面。

（5）两工件配合后总长为 40 ± 0.05 mm。

二、刀具卡

刀具卡相关数据见表 3-19。

表 3-19 刀具卡

序号	刀具号	刀具名称	数量	加工表面	刀尖半径	刀尖方位
1	T01	45°合金端面刀	1	车端面	0.8 mm	3
2	T02	35°合金偏刀	1	粗、精车外轮廓	0.4 mm	3
3	T03	镗孔车刀	1	粗、精镗内孔	0.4 mm	2
4	T04	合金切断刀	1	切断	刀宽 4 mm	—
5	—	中心钻	1	钻中心孔	安装至尾座	
6	—	钻头	1	钻 $\phi20$ 孔	安装至尾座	

三、加工工艺

1. 加工方案

如图 3 - 7 所示，根据零件的工艺特点和毛坯尺寸 $\phi 50 \times 68$ mm，确定加工方案：

（1）采用三爪卡盘装夹工件，伸出 24 mm 左右。

（2）加工零件前先对刀，设置编程原点在右端面的轴线上。

（3）粗、精车件二外圆。

（4）切断并保证件二长度。

（5）装夹件二，打中心孔、钻 $\phi 20$ mm 的孔。

（6）粗、精车件二内圆锥面。

（7）装夹件一毛坯，伸出 23 mm 左右。

（8）粗、精车件一左端外圆。

（9）掉头装夹，保证总长。

（10）粗、精车件一右端外圆锥面。

2. 工序卡

工序卡相关数据见表 3 - 20。

表 3 - 20　工序卡

工步号	工步内容	刀号	刀具规格 /mm	主轴转速 $n/(\mathrm{r} \cdot \mathrm{min}^{-1})$	进给量 $f/(\mathrm{mm} \cdot \mathrm{min}^{-1})$	背吃刀量 ap/mm	备注
1	车端面	T01	20×20	1000	100	2	手动
2	粗车件二外轮廓	T02	20×20	800	150	1	自动
3	精车件二外轮廓	T02	20×20	1200	100	0.5	自动
4	切断	T04	20×20	1000	50	刀宽4	手动
5	装夹件二，打中心孔	—	A4	1000	50	1	手动
6	扩孔	—	$\phi 20$	450	25	1	手动
7	粗车件二内圆锥面	T03	20×20	800	150	1	自动

74

续表

工步号	工步内容	刀具号	刀具规格 /mm	主轴转速 $n/(\mathrm{r \cdot min^{-1}})$	进给量 $f/(\mathrm{mm \cdot min^{-1}})$	背吃刀量 a_p/mm	备注
8	精车件二内圆锥面	T03	20×20	1200	100	0.5	自动
9	装夹件一毛坯,粗车件一左端外轮廓	T02	20×20	800	150	1	自动
10	精车件一左端外轮廓	T02	20×20	1200	100	0.5	自动
11	掉头装夹、车端面、保证总长	T01	20×20	1000	50	2	手动
12	粗车件一右端外圆锥面	T02	20×20	800	150	1	自动
13	精车件一右端外圆锥面	T02	20×20	1200	100	0.5	自动

四、加工程序

加工程序学生自编。

五、评分表

评分表见表3-21。

表3-21 评分表

工件	序号	项目	考核内容及要求	评分标准	配分	检测结果	得分	评分人
工件一	1	外圆尺寸	$\phi 48_{-0.02}^{0}$	每超差0.01 mm扣减2分	14			
	2	长度尺寸	40	每超差0.01 mm扣减1分	4			
			20	每超差0.01 mm扣减1分	4			
	3	倒角	C1	超差无分	2			
工件二	4	外圆尺寸	$\phi 48_{-0.02}^{0}$	每超差0.01 mm扣减2分	14			
	5	长度	20	每超差0.01 mm扣减1分	3			
	6	倒角	C1	超差无分	2			

续表

工件	序号	项目	考核内容及要求	评分标准	配分	检测结果	得分	评分人
	7	内外锥配合	内外锥配合接触面积不得少于60%以上	超差无分	15			
	8	配合总长	40±0.05	每超差0.01 mm扣减5分	10			
	9	其余尺寸	表面粗糙度1.6 μm、3.2 μm	不符合要求时,酌情扣1~6分	6			
	10	安全文明生产	1. 遵守车床安全操作规程 2. 刀具、工具、量具放置规范 3. 设备保养、场地整洁	不符合要求时,酌情扣1~6分	6			
	11	工艺合理	1. 工件定位、夹紧及刀具选择合理 2. 加工顺序及刀具轨迹路线合理	不符合要求时,酌情扣1~10分	10			
	12	程序编制	1. 指令正确,程序完整 2. 数值计算正确、程序编写表现出一定的技巧,简化计算和加工程序 3. 刀具补偿功能运用正确、合理	不符合要求时,酌情扣1~10分	10			
	13	项目完成情况自评						
企业专家、指导教师				学生姓名		总分		

注意事项

(1)注意内孔车刀的循环起点。

（2）注意复合循环指令里设置的精加工余量正负值。

（3）注意钻中心孔时主轴转速。

（4）二次装夹找正后，不能损伤零件已加工表面。

（5）掌握好该零件的配合尺寸

（6）加工过程中一定要提高警惕，将手放在"进给保持"或"急停"按钮上，如遇紧急情况，迅速按下按钮，防止意外事故的发生。

实训项目十九　螺纹配合件加工

实训目的

（1）根据零件图合理编制加工工艺。

（2）掌握螺纹配合件加工程序的编制和加工操作方法。

（3）能够对加工质量进行分析，并能合理安排加工工艺。

器材准备

数控车床　45钢毛坯料　卡盘与刀架扳手　中心钻　麻花钻　外圆车刀　内孔车刀　内外螺纹车刀　钢直尺　游标卡尺　内径千分尺

教学过程

一、**零件图**

零件图相关参数见图3-8。

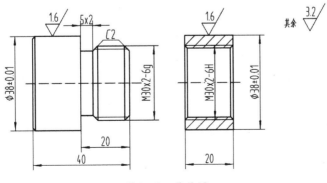

图3-8　零件图

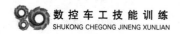

技术要求：

（1）未注倒角均为 C1。

（2）工件锐角倒钝。

（3）内外螺纹配合松紧适当，并符合图样尺寸要求。

（4）两工件旋合后总长为 40 ± 0.05 mm。

二、刀具卡

刀具卡相关数据见表 3 – 22。

表 3 – 22　刀具卡

序号	刀具号	刀具名称	数量	加工表面	刀尖半径	刀尖方位
1	T01	45°合金端面刀	1	车端面	0.8 mm	3
2	T02	35°合金偏刀	1	粗、精车外轮廓	0.4 mm	3
3	T03	镗孔车刀	1	粗、精镗内孔	0.4 mm	2
4	T04	外螺纹车刀	1	粗、精车外螺纹	0.2 mm	3
5	T04	内螺纹车刀	1	粗、精车内螺纹	0.2 mm	2
6	T04	合金切断刀	1	切断	刀宽 4 mm	—
7	—	中心钻	1	钻中心孔	安装至尾座	
8	—	钻头	1	钻 $\phi20$ 孔	安装至尾座	

三、加工工艺

1. 加工方案

如图 3 – 8 所示，根据零件的工艺特点和毛坯尺寸 $\phi40 \times 68$ mm，确定加工方案：

（1）采用三爪卡盘装夹工件，伸出 26 mm 左右。

（2）加工零件前先对刀，设置编程原点在右端面的轴线上。

（3）粗、精车件二外圆。

（4）切断并保证件二长度。

（5）装夹件二，打中心孔、钻 $\phi20$ mm 的孔。

（6）粗、精车件二内圆柱面。

（7）粗、精车件二内螺纹。

（8）装夹件一毛坯，伸出 23 mm 左右。

（9）粗、精车件一左端外圆。

（10）掉头装夹，保证总长。

（11）粗、精车件一右端外轮廓。

（12）粗、精车件一右端外螺纹。

2. 工序卡

工序卡相关数据见表 3 - 23。

表 3 - 23　工序卡

工步号	工步内容	刀具号	刀具规格 /mm	主轴转速 $n/(\text{r} \cdot \text{min}^{-1})$	进给量 $f/(\text{mm} \cdot \text{min}^{-1})$	背吃刀量 ap/mm	备注
1	车端面	T01	20×20	1000	100	2	手动
2	粗车件二外轮廓	T02	20×20	800	150	1	自动
3	精车件二外轮廓	T02	20×20	1200	100	0.5	自动
4	切断	T04	20×20	1000	50	刀宽4	手动
5	装夹件二，打中心孔	—	A4	1000	50	1	手动
6	扩孔	—	φ20	450	25	1	手动
7	粗车件二内圆柱面	T03	20×20	800	150	1	自动
8	精车件二内圆柱面	T03	20×20	1200	100	0.5	自动
9	粗、精车件二内螺纹	T04	φ16	1000	2	0.2	自动
10	装夹件一毛坯，粗车件一左端外轮廓	T02	20×20	800	150	1	自动
11	精车件一左端外轮廓	T02	20×20	1200	100	0.5	自动

续表

工步号	工步内容	刀具号	刀具规格 /mm	主轴转速 $n/(r \cdot min^{-1})$	进给量 $f/(mm \cdot min^{-1})$	背吃刀量 ap/mm	备注
12	掉头装夹、车端面、保证总长	T01	20×20	1000	50	2	手动
13	粗车件一右端外轮廓	T02	20×20	800	150	1	自动
14	精车件一右端外轮廓	T02	20×20	1200	100	0.5	自动
15	粗精车件一右端外螺纹	T04	20×20	1000	2	0.2	自动

四、加工程序

加工程序由学生自编。

五、评分表

评分表见表 3 - 24。

表 3 - 24　评分表

工件	序号	项目	考核内容及要求	评分标准	配分	检测结果	得分	评分人
工件一	1	外圆尺寸	$\phi38 \pm 0.01$	每超差 0.01 mm 扣减 2 分	14			
	2	长度尺寸	40	每超差 0.01 mm 扣减 1 分	2			
			20	每超差 0.01 mm 扣减 1 分	2			
	3	倒角	$C1$、$C2$	超差无分	4			
	4	槽	5×2	超差无分	2			
	5	外螺纹	$M30 \times 2 - 6g$	每超差 0.01 mm 扣减 5 分	10			
工件二	6	外圆尺寸	$\phi38 \pm 0.01$	每超差 0.01 mm 扣减 5 分	15			
	7	内螺纹	$M30 \times 2 - 6H$	超差无分	10			
	8	长度	20	每超差 0.01 mm 扣减 1 分	4			
	9	倒角	$C1$	超差无分	2			

续表

工件	序号	项目	考核内容及要求	评分标准	配分	检测结果	得分	评分人
	10	旋合后总长	40±0.05	每超差 0.01mm 扣减 2 分	10			
	11	其余尺寸	表面粗糙度 1.6 μm、3.2 μm	不符合要求时，酌情扣 1~5 分	5			
	12	安全文明生产	1. 遵守车床安全操作规程 2. 刀具、工具、量具放置规范 3. 设备保养、场地整洁	不符合要求时，酌情扣 1~5 分	5			
	13	工艺合理	1. 工件定位、夹紧及刀具选择合理 2. 加工顺序及刀具轨迹路线合理	不符合要求时，酌情扣 1~10 分	10			
	14	程序编制	1. 指令正确，程序完整 2. 数值计算正确、程序编写表现出一定的技巧，简化计算和加工程序 3. 刀具补偿功能运用正确、合理	不符合要求时，酌情扣 1~5 分	5			
	15	项目完成情况自评						

企业专家、指导教师		学生姓名		总分	

注意事项

（1）注意打中心孔和钻孔时的主轴转速。

（2）配合加工时，保证同轴度、注意接刀痕。

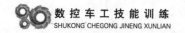

（3）加工过程中一定要提高警惕，将手放在"进给保持"或"急停"按钮上，如遇紧急情况，迅速按下按钮，防止意外事故的发生。

实训项目二十　综合件加工（一）

实训目的

（1）掌握梯形槽的加工方法。

（2）能够正确选择加工的刀具和切削用量。

（3）掌握二次装夹找正的方法，保证加工零件的尺寸精度。

（4）能独立选择并自行调整符合数控车削实践的最佳切削用量，逐步调整部分加工方案。

器材准备

数控车床　45 钢毛坯料　卡盘与刀架扳手　外圆车刀　外螺纹车刀切槽刀　钢直尺　游标卡尺　内径千分尺

教学过程

一、零件图

零件图相关参数见图 3－9。

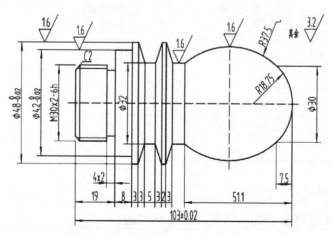

图 3－9　零件图

技术要求：

（1）锐角倒钝。

（2）未注公差尺寸的极限偏差按 GB/T 1804—2000 – m 级。

（3）零件加工表面上，不应有划痕、擦伤等损伤零件表面的缺陷。

二、刀具卡

刀具卡相关数据见表 3 – 25。

表 3 – 25　刀具卡

序号	刀具号	刀具名称	数量	刀尖半径	刀尖方位
1	T01	90°硬质合金偏刀	1	0.2 mm	3
2	T02	硬质合金切槽刀	1	刀宽 4 mm	—
3	T03	90°硬质合金螺纹车刀	1	0.2 mm	—

三、加工工艺

1. 加工方案

如图 3 – 9 所示，根据零件的工艺特点和毛坯尺寸 $\phi 50 \times 105$ mm，确定加工方案：

（1）建立工件加工坐标系。工件坐标系原点设在工件右端面与工件的回转轴线交点上。

（2）采用三爪自定心卡盘装夹，零件伸出 58 mm 左右，加工零件左端轮廓至尺寸要求。

（3）零件掉头，夹 $\phi 42$ mm 外圆，车端面，加工零件右端外轮廓至尺寸要求。

（4）工序安排：粗车左端外圆留 0.5 mm 余量→精车左端外圆至尺寸→切槽（刀宽 4 mm）→粗精车螺纹→掉头装夹→粗车右端外圆留 0.5 mm 余量→精车右端外圆至尺寸→切槽（刀宽 4 mm）。

2. 工序卡

工序卡相关数据见表 3 – 26。

表 3 - 26　工序卡

工步号	工步内容	刀具号	刀具规格/mm	主轴转速 $n/(\text{r} \cdot \text{min}^{-1})$	进给量 $f/(\text{mm} \cdot \text{min}^{-1})$	背吃刀量 ap/mm	备注
1	粗车左端外圆	T01	20×20	800	150	1.0	自动
2	精车左端外圆	T01	20×20	1200	80	0.5	自动
3	车槽	T02	20×20	350	15	—	自动
4	车螺纹	T03	20×20	450	2	—	自动
5	粗车右端外圆	T01	20×20	800	150	1.0	自动
6	精车右端外圆	T01	20×20	1200	80	0.5	自动
7	车槽	T02	20×20	350	15	—	自动

四、加工程序

加工程序由学生自编。

五、评分表

评分表见表 3 - 27。

表 3 - 27　评分表

序号	项目	考核内容及要求	评分标准	配分	检测结果	得分	评分人
1	外圆尺寸	$\phi 48_{-0.02}^{0}$	每超差 0.01 mm 扣减 2 分	10			
		$\phi 42_{-0.02}^{0}$	每超差 0.01 mm 扣减 2 分	10			
		$\phi 32$	每超差 0.01 mm 扣减 1 分	5			
		R37.5	超差无分	5			
		R18.75	超差无分	5			
2	外螺纹	M30×2-6h	超差无分	10			
3	长度尺寸	103±0.02	每超差 0.01 mm 扣减 2 分	8			
		19	每超差 0.01 mm 扣减 1 分	3			
		8	每超差 0.01 mm 扣减 1 分	3			
		3	每超差 0.01 mm 扣减 1 分	3			
		5	每超差 0.01 mm 扣减 1 分	3			
		圆锥面长度 3 mm（三处）	超差无分	6			
		2	每超差 0.01mm 扣减 1 分	3			

续表

序号	项目	考核内容及要求	评分标准	配分	检测结果	得分	评分人
4	槽	4×2	每超差0.01 mm扣减1分	3			
5	倒角尺寸	C2	超差无分	2			
6	其余尺寸	表面粗糙度1.6 μm、3.2 μm	不符合要求时，酌情扣1～5分	5			
7	安全文明生产	1. 遵守车床安全操作规程 2. 刀具、工具、量具放置规范 3. 设备保养、场地整洁	不符合要求时，酌情扣1～6分	6			
8	工艺合理	1. 工件定位、夹紧及刀具选择合理 2. 加工顺序及刀具轨迹路线合理	不符合要求时，酌情扣1～5分	5			
9	程序编制	1. 指令正确，程序完整 2. 数值计算正确、程序编写表现出一定的技巧，简化计算和加工程序	不符合要求时，酌情扣1～5分	5			
10	项目完成情况自评						
企业专家、指导教师		学生姓名			总分		

注意事项

（1）注意刀具与已加工面的干涉。

（2）注意切梯形槽时的走刀路线。

（3）二次装夹找正后，不能损伤零件已加工表面。

（4）加工外圆和切断时，要防止车刀与卡盘相碰。

（5）加工过程中一定要提高警惕，将手放在"进给保持"或"急停"按钮上，如遇紧急情况，迅速按下按钮，防止意外事故的发生。

实训项目二十一　综合件加工（二）

实训目的

（1）学会认真分析零件图。

（2）根据装配图和零件图合理编制加工工艺。

（3）熟练掌握配合件加工程序的编制和加工操作方法。

器材准备

数控车床　45 钢毛坯料　卡盘与刀架扳手　中心钻　麻花钻　外圆车刀　内孔车刀　内外螺纹车刀　切槽刀　钢直尺　游标卡尺　内径千分尺

教学过程

一、零件图

零件图相关参数见图 3 - 10。

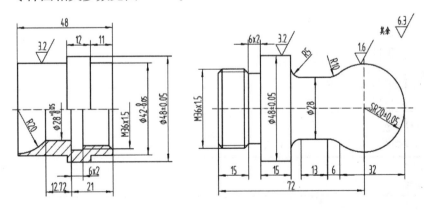

图 3 - 10　零件图

技术要求：

（1）未注倒角均为 C2。

（2）球面涂色检查接触面积不得少于 60%。

二、刀具卡

刀具卡相关数据见表 3 – 28。

表 3 – 28 刀具卡

序号	刀具号	刀具名称	数量	刀尖半径	刀尖方位
1	T01	35°硬质合金偏刀	1	0.2 mm	3
2	T02	硬质合金切槽刀	1	刀宽 4 mm	—
3	T03	硬质合金镗孔车刀	1	0.2 mm	—
4	T04	硬质合金外螺纹车刀	1	0.2 mm	—
5	T04	硬质合金内螺纹车刀	1	0.2 mm	—
6	—	中心钻	1	安装至尾座	
7	—	钻头	1	安装至尾座	

三、加工工艺

1. 加工方案

如图 3 – 10 所示，根据零件的工艺特点和毛坯尺寸 $\phi 50 \times 50$ mm、$\phi 50 \times 95$ mm，确定加工方案：

（1）采用三爪自定心卡盘装卡，钻中心孔，钻 $\phi 20$ mm 孔，加工零件一左端内、外轮廓至要求尺寸。工件坐标系原点设在工件右端面与工件的回转轴线交点上。

（2）加工零件一右端内、外轮廓至要求尺寸。工件坐标系原点设在工件右端面与工件的回转轴线交点上。

（3）加工零件二，采用三爪自定心卡盘装夹，零件伸出 65 mm 左右，加工零件右端轮廓至尺寸要求。零件掉头，夹 $\phi 48$ mm 外圆，车端面，加工零件左端外轮廓至尺寸要求。工件坐标系原点设在工件右端面与工件的回转轴线交点上。

2. 工序卡

工序卡相关数据见表3-29。

表3-29　工序卡

工步号	工步内容	刀具号	刀具规格 /mm	主轴转速 $n/(\mathrm{r \cdot min^{-1}})$	进给量 $f/(\mathrm{mm \cdot min^{-1}})$	背吃刀量 ap/mm	备注
1	粗车件一左端外圆	T01	20×20	800	150	1.0	自动
2	精车件一左端外圆	T01	20×20	1200	80	0.5	自动
3	粗车件一左端内轮廓	T03	φ16	800	150	1.0	自动
4	精车件一左端内轮廓	T03	φ16	1200	80	0.5	自动
5	粗车件一右端外圆	T01	φ20×20	800	150	1.0	自动
6	精车件一右端外圆	T01	φ20×20	1200	80	0.5	自动
7	粗车件一右端内轮廓	T03	20×20	800	150	1.0	自动
8	精车件一右端内轮廓	T03	20×20	1200	80	0.5	自动
9	车内螺纹	T04	φ16	450	1.5	—	自动
10	粗车件二右端外圆	T01	20×20	800	150	1.0	自动
11	精车件二右端外圆	T01	20×20	1200	80	0.5	自动
12	粗车件二左端外圆	T01	20×20	800	150	1.0	自动
13	精车件二左端外圆	T01	20×20	1200	80	0.5	自动
14	切槽	T02	20×20	350	15	—	自动
15	车外螺纹	T04	20×20	450	1.5	0.2	自动

四、加工程序

加工程序由学生自编。

五、评分表

评分表见表 3 - 30。

表 3 - 30　评分表

工件	序号	项目	考核内容及要求	评分标准	配分	检测结果	得分	评分人
工件一	1	外圆尺寸	$\phi48 \pm 0.05$	每超差 0.01 mm 扣减 2 分	8			
			$\phi42 \, ^{0}_{-0.05}$	每超差 0.01mm 扣减 2 分	8			
	2	内圆尺寸	$\phi28 \, ^{+0.05}_{0}$	每超差 0.01 mm 扣减 2 分	8			
			$R20$	超差无分	2			
	3	长度尺寸	48	每超差 0.01 mm 扣减 1 分	2			
			12	每超差 0.01 mm 扣减 1 分	2			
			11	每超差 0.01 mm 扣减 1 分	2			
			21	每超差 0.01 mm 扣减 1 分	2			
	4	内孔槽	6×2	超差无分	2			
	5	倒角	$C2$	超差无分	2			
	6	内螺纹	$M36 \times 1.5$	超差无分	3			
工件二	7	外圆尺寸	$\phi48 \pm 0.05$	每超差 0.01 mm 扣减 2 分	8			
			$\phi28$	超差无分	3			
			$SR20 \pm 0.05$	每超差 0.01 mm 扣减 3 分	8			
			$R10$	超差无分	3			
			$R5$	超差无分	3			
	8	外螺纹	$M36 \times 1.5$	超差无分	3			
	9	长度	螺纹长度 15	超差无分	2			
			15	每超差 0.01 mm 扣减 1 分	2			
			72	每超差 0.01 mm 扣减 1 分	2			
	10	槽	6×2	超差无分	2			
	11	倒角	$C2$	超差无分	2			

续表

工件	序号	项目	考核内容及要求	评分标准	配分	检测结果	得分	评分人
	12	球面涂色	检查接触面积不得少于60%	超差无分	6			
	13	其余尺寸	表面粗糙度 1.6 μm、3.2 μm	不符合要求时，酌情扣1~5分	5			
	14	安全文明生产	1. 遵守车床安全操作规程 2. 刀具、工具、量具放置规范 3. 设备保养、场地整洁	不符合要求时，酌情扣1~5分	5			
	15	工艺合理	1. 工件定位、夹紧及刀具选择合理 2. 加工顺序及刀具轨迹路线合理	不符合要求时，酌情扣1~5分	5			
	16	项目完成情况自评						
企业专家、指导教师				学生姓名		总分		

注意事项

（1）注意刀具与已加工面的干涉。

（2）合理安排加工工艺，保证配合间隙尺寸。

（3）二次装夹找正后，不能损伤已加工表面。

（4）加工过程中一定要提高警惕，将手放在"进给保持"或"急停"按钮上，如遇紧急情况，迅速按下按钮，防止意外事故的发生。

实训项目二十二 综合件加工（三）

实训目的

（1）根据零件图合理编制加工工艺。

（2）掌握利用宏程序编程加工椭圆的方法。

（3）掌握螺纹配合件加工程序的编制和加工操作方法。

（4）能够对加工质量进行分析，并能合理安排加工工艺。

器材准备

数控车床 45 钢坯料 卡盘与刀架扳手 中心钻 麻花钻 外圆车刀
内孔车刀 内外螺纹车刀 切槽刀 钢直尺 游标卡尺 内径千分尺

教学过程

一、零件图

零件图相关参数见图 3 – 11。

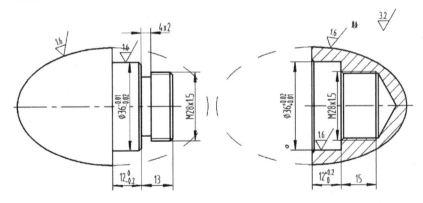

图 3 – 11 零件图

技术要求：

（1）未注倒角均为 C1。

（2）零件加工表面上，不应有划痕、擦伤等损伤零件表面的缺陷。

91

（3）椭圆的长轴为 80 mm，短轴为 48 mm。

二、刀具卡

刀具卡相关数据见表 3-31。

表 3-31　刀具卡

序号	刀具号	刀具名称	数量	刀尖半径	刀尖方位
1	T01	35°硬质合金偏刀	1	0.4 mm	3
2	T02	硬质合金切槽刀	1	刀宽 4 mm	—
3	T03	硬质合金镗孔车刀	1	0.4 mm	2
4	T04	硬质合金外螺纹车刀	1	0.2 mm	—
5	T04	硬质合金内螺纹车刀	1	0.2 mm	—
6	—	中心钻	1	安装至尾座	
7	—	钻头	1	安装至尾座	

三、加工工艺

1. 加工方案

如图 3-11 所示，根据零件的工艺特点和毛坯尺寸 $\phi50 \times 80$ mm、$\phi50 \times 45$ mm，确定加工方案：

（1）采用三爪自定心卡盘装卡，钻中心孔，钻 $\phi18$ mm 的孔，加工零件二左端内轮廓至要求尺寸。工件坐标系原点设在工件右端面与工件的回转轴线交点上。

（2）采用三爪自定心卡盘装卡，加工零件一右端外轮廓至要求尺寸。工件坐标系原点设在工件右端面与工件的回转轴线交点上。

（3）将件二与件一配合，加工零件二右端外轮廓至要求尺寸，工件坐标系原点设在工件右端面与工件的回转轴线交点上。

（4）采用三爪自定心卡盘装卡，夹 $\phi36$ mm 外圆，加工零件一左端外轮廓至要求尺寸。

2. 工序卡

工序卡相关数据见表 3 - 32。

表 3 - 32　工序卡

工步号	工步内容	刀具号	刀具规格/mm	主轴转速 $n/(\text{r}\cdot\text{min}^{-1})$	进给量 $f/(\text{mm}\cdot\text{min}^{-1})$	背吃刀量 ap/mm	备注
1	粗车件二内轮廓	T01	$\phi16$	800	150	1.0	自动
2	精车件二内轮廓	T01	$\phi16$	1200	80	0.5	自动
3	车内螺纹	T04	$\phi16$	450	1.5	0.2	自动
4	粗车件一右端外圆	T01	20×20	800	150	1.0	自动
5	精车件一右端外圆	T01	20×20	1200	80	0.5	自动
6	切槽	T02	20×20	350	15	—	自动
7	车外螺纹	T04	20×20	450	1.5	0.2	自动
8	粗车件二右端外圆	T03	20×20	800	150	1.0	自动
9	精车件二右端外圆	T03	20×20	1200	80	0.5	自动
10	粗车件一左端外圆	T01	20×20	800	150	1.0	自动
11	精车件一左端外圆	T01	20×20	1200	80	0.5	自动

四、加工程序

加工程序由学生自编。

五、评分表

评分表见表 3 – 33。

表 3 – 33 评分表

工件	序号	项目	考核内容及要求	评分标准	配分	检测结果	得分	评分人
工件一	1	外圆尺寸	$\phi 36_{-0.02}^{-0.01}$	每超差 0.01 mm 扣减 2 分	10			
			椭圆长半轴 40	每超差 0.01 mm 扣减 1 分	5			
			椭圆短半轴 24	每超差 0.01 mm 扣减 1 分	5			
	2	长度尺寸	$12_{-0.2}^{0}$	每超差 0.01 mm 扣减 2 分	4			
			13	每超差 0.01 mm 扣减 1 分	2			
	3	倒角	$C1$	超差无分	2			
	4	槽	4×2	超差无分	2			
	5	外螺纹	$M28 \times 1.5$	超差无分	5			
工件二	6	外圆尺寸	椭圆长半轴 40	每超差 0.01 mm 扣减 1 分	5			
			椭圆短半轴 24	每超差 0.01 mm 扣减 1 分	5			
	7	内圆尺寸	$\phi 36_{+0.02}^{+0.02}$	每超差 0.01 mm 扣减 2 分	10			
	8	内螺纹	$M28 \times 1.5$	超差无分	5			
	9	长度	$12_{0}^{+0.2}$	每超差 0.01 mm 扣减 2 分	4			
			螺纹长度 15	超差无分	4			
	10	倒角	$C1$	超差无分	2			
	11	装配	螺纹旋合松紧适度，保证同轴度、连接处无明显突起接痕	不符合要求时，酌情扣 1～10 分	10			
	12	其余尺寸	表面粗糙度 1.6 μm、3.2 μm	不符合要求时，酌情扣 1～5 分	5			

续表

工件	序号	项目	考核内容及要求	评分标准	配分	检测结果	得分	评分人
	13	安全文明生产	1. 遵守车床安全操作规程 2. 刀具、工具、量具放置规范 3. 设备保养、场地整洁	不符合要求时，酌情扣1~5分	5			
	14	工艺合理	1. 工件定位、夹紧及刀具选择合理 2. 加工顺序及刀具轨迹路线合理	不符合要求时，酌情扣1~10分	10			
	15	项目完成情况自评						
企业专家、指导教师			学生姓名			总分		

注意事项

（1）加工左椭圆时，注意车刀行程终点与卡盘的距离。

（2）合理安排加工工艺，保证配合间隙尺寸。

（3）二次装夹找正后，不能损伤已加工表面。

（4）加工过程中一定要提高警惕，将手放在"进给保持"或"急停"按钮上，如遇紧急情况，迅速按下按钮，防止意外事故的发生。

参考文献

［1］邓集华．数控车工工艺与技能训练［M］．北京：清华大学出版社，2019.

［2］徐斌．数控车床编程与加工技术同步实训手册［M］．北京：高等教育出版社，2011.

［3］高枫，尚卫宁．数控车削编程与操作训练［M］．北京：高等教育出版社，2010.

［4］孙德茂．数控车床车削加工［M］．北京：机械工业出版社，2006.